ENERGY

新能源家族

图文并茂◆主题热门◆创意新颖

XINNENGYUAN JIAZU
CONGSHU

U0587048

new 新版

电力

power

本书编写组◎编

世界图书出版公司

广州·上海·西安·北京

图书在版编目（CIP）数据

电力／《电力》编写组编 . —广州：广东世界图
书出版公司, 2010.7 （2021.11 重印）
ISBN 978 – 7 – 5100 – 2503 – 7

Ⅰ．①电… Ⅱ．①电… Ⅲ．①电 – 普及读物 Ⅳ.
①O441. 1 – 49

中国版本图书馆 CIP 数据核字（2010）第 147784 号

书　　名	电力	
	DIAN LI	
编　　者	《电力》编写组	
责任编辑	韩海霞	
装帧设计	三棵树设计工作组	
责任技编	刘上锦　余坤泽	
出版发行	世界图书出版有限公司　世界图书出版广东有限公司	
地　　址	广州市海珠区新港西路大江冲 25 号	
邮　　编	510300	
电　　话	020-84451969　84453623	
网　　址	http://www.gdst.com.cn	
邮　　箱	wpc_gdst@163.com	
经　　销	新华书店	
印　　刷	三河市人民印务有限公司	
开　　本	787mm×1092mm　1/16	
印　　张	13	
字　　数	160 千字	
版　　次	2010 年 7 月第 1 版　2021 年 11 月第 6 次印刷	
国际书号	ISBN　978-7-5100-2503-7	
定　　价	38.80 元	

序 言

　　能源，是自然界中能为人类提供某种形式能量的物质资源。人类社会的存在与发展离不开能源。

　　在过去的 200 多年中，建立于煤炭、石油、天然气的能源体系极大地推动了人类社会的发展，这几大能源我们称之为化石能源，它们是千百万年前埋在地下的动植物，经过漫长的地质年代形成的。化石燃料不完全燃烧后，都会散发出有毒的气体，却是人类必不可少的燃料。

　　随着人类的不断开采，化石能源的枯竭是不可避免的，大部分化石能源本世纪将被开采殆尽。同时，化石能源的大规模使用带来了环境的恶化，威胁全球生态。因此，人类必须及早摆脱对化石能源的依赖，寻求新的能源，形成清洁、安全、可靠的可持续能源系统。

　　进入 21 世纪，人们更加迫切地呼唤着新能源。新能源这个概念是相对常规能源而言的，常规能源是指已被人类广泛利用并在人类生活和生产中起过重要作用的能源，就是化石能源加上水能，而新能源，在不同的历史时期和科技水平情况下有不同的内容。眼下，新能源通常指核能、太阳能、风能、海洋能、氢能等。本套丛书向大家系统介绍了这些新能源的来龙去脉，让大家了解到当今世界正在走向一个可持续发展的、与环境友好的新能源时代。

　　这些新能源中，太阳能已经逐渐走入我们寻常的生活，太阳能发电具有布置简便、维护方便等特点，应用面较广，缺点是受时间限制；风力发电在 19 世纪末就开始登上历史的舞台，由于造价相对低廉，成了各个国家争相发展的新能源首选，然而，随着大型风电场的不断增多，占用的土地也日益扩大，产生的社会矛盾日益突出，如何解决这一难题，成了人们又一困惑。核能的应用已经有一段时间，而且被一些人认为是未来最具希望的新能源，因为核电站只需消耗很少的核燃料，就可以产生大量的电能，它也有一定缺点，比如产生放射性废物，燃料存在被用于武器生产的风险。在众多新能源中，氢能以其重量轻、无污染、热值高、应用面广等独特优点脱颖而出，将成为21世纪最理想的新能源。氢能可应用于航天航空、汽车的燃料，等高热行业。至于海洋能，由于海洋占地球表面积的71%，蕴藏着无尽的宝贵资源，如何打开这一资源宝库，利用这一巨大深邃的空间，是当前世界各国密切关注的重大问题。目前限于技术水平，海洋能尚处于小规模研究阶段。

这套丛书以每一个新能源品种为一册，内容简明而丰富，除此之外，我们还编写了电力和水力两本书，电力属于二次能源，也是常规能源和新能源的转化和储存形式；水力虽然是常规能源，但也是一种可持续能源，而且小水电由于其对生态环境基本没有破坏，被列为新能源之列。我们希望这套丛书帮助大家了解新能源的前世今生，以及新能源面临的种种问题，当然，更多的是展望新能源的美好前景。

新能源正在塑造未来的世界形态，未来属于领先新能源技术的国家，那么，作为个人，了解新能源，就是拥抱未来。

Contents | 目录

第一章　电的基本知识

电是什么？

首先，电是一种自然现象。人们从摩擦生电中意识到它的存在，从雷电的闪鸣中感受到它的力量，然后人们又发现，生活中感受到的静电和雷电，也就是天电和地电其实是一回事。随着探索的深入，人们深入到电的内部，发现了电子，这样，电的本质就一步步揭开了，虽然这一过程是非常漫长的。

其次，电力是一种能源，它是一种二次能源，是经过一次能源转换而来的，电作为能源进入人们的生活中，经过上百年的发展，它已经成为现代生活的生命，就像人的呼吸一样，平常几乎感觉不到它，但也离不开它，一旦停电，人们就会深深体会到电的重要性。

我们和电一起生活、学习和工作，却不了解它从何而来。下面就让我们一起来探询一下电的秘密。

第一节　电的发现

静 电

你小时候有没有玩过垫板吸纸片的游戏？将垫板夹在腋下用力摩擦后，很快地平举在桌面上预先撕好的小纸片之上，这时有些最轻的小纸片会被吸到垫板上，有些次轻的会竖立起来像小人跳舞般晃来晃去，还有些比较重的则无动于衷地停在桌上。你可知道吸引这些小纸片的力量是如何形成的吗？

在对电有具体认知之前很多年，人们就已经知道发电鱼会发出电击。在远古埃及书籍中，这些鱼被称为"尼罗河的雷使者"，是所有其他鱼的保护者。大约2500年之后，希腊人、罗马人，阿拉伯自然学者和阿拉伯医学者，才又发现关于发电鱼的记载。一位古代罗马医生建议患有像痛风或头疼一类病痛的病人，去触摸电鳐，也许强力的电击会治愈他们的疾病。

大约在公元前600年，希腊人便发现琥珀经过摩擦后会吸引干燥的树叶、羽毛及碎布片等轻小的物质。他们称琥珀为"elektron"，因此当时这种神秘的吸引力便被称为"electric"，意为"如同琥珀"，这个字也被英语系国家用以形容电力且沿用至今。如此，人们开始认识电这一神秘事物。

当我们玩"垫板吸纸片"的游戏时，其实是重复做着2000

电鳗是南美洲一种以能短暂强力放电而闻名的淡水鱼类，电鳗的头部是正极，尾部是负极，有数以千计的放电体，每个放电体约可制造 0.15 伏特的电压，而当数千个放电体一起全力放电时的电压便高达 600~800 伏特。

多年前希腊人所做的事；不过当你玩这个游戏时是否想过为什么塑胶做的垫板摩擦衣服后会吸小纸片？如果用其他的东西如木片、铁片等做尝试是否会有类似的效果？如果没有的话也别太难过，因为希腊人发现摩擦琥珀可以吸引轻小物质后，一直过了约 2000 年，也就是在西元 16 世纪早期，才有人发现琥珀并非唯一有这种特性的物质。

实际上，这种摩擦生电就是我们今天说的"静电"。人们就是从这种生活中常见的"静电现象"中开始认识电的。

在对电现象的早期研究中，最早进行系统研究的首推英国医生威廉·吉尔伯特，他在文章中说："随便用一种金属制成一个指示器……在这个指示器的另一端，移近一个轻轻摩擦过的琥珀或者是光滑的摩擦过的宝石，这指示器就会立即转动"，他通过大量的实验驳斥了许多关于电的迷信说法，并且发现不仅摩擦过

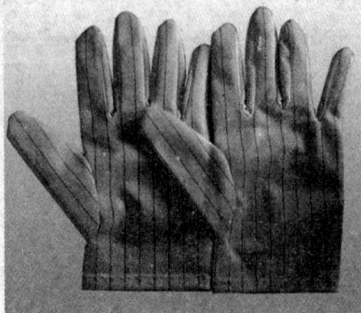

用防静电布或橡胶制成的防静电手套，用于需用手套操作的防静电环境。

的琥珀有吸引轻小物体的性质，而且其他物质像金刚石、水晶、硫磺、硬树脂、明矾等也有这种性质，他把这种性质称为电性。

1660 年，马德堡的盖利克发明了第一台摩擦起电机，他用硫磺制成形如地球仪的可转动物体，用干燥的手掌擦着干燥的球体使之停止可获得电，盖利克的摩擦起电机经过不断改进，在静电实验中起着非常重要的作用。

18 世纪，一位法国科学家更进一步发现，经摩擦后有吸引力的物质中，有的会互相吸引，有的则互相排斥。他经过研究整理后，归纳出带正电及带负电两类物质，若两种物质同样带正电或负电便会相排斥，就像男生与男生或女生与女生之间会互相竞争比较一样；而两种物质若带不同的电便会如男女之间般互相吸引。

18 世纪中叶，电学实验逐渐普及，在法国和荷兰有不少人公开表演认为娱乐。1731 年，英国牧师格雷从实验中发现，由摩擦产生的电在玻璃和丝绸这类物体上可以保持下来而不流动，而有

的物体如金属，它们不能由摩擦而产生电，但却可以用金属丝把房里摩擦产生的电引出来绕花园一周，在末端仍具有对轻小物体的吸引作用，他第一次分清了导体和绝缘体，并认为电是一种流体。电既是一种流体，而流体比如水是可以用容器来蓄存的。

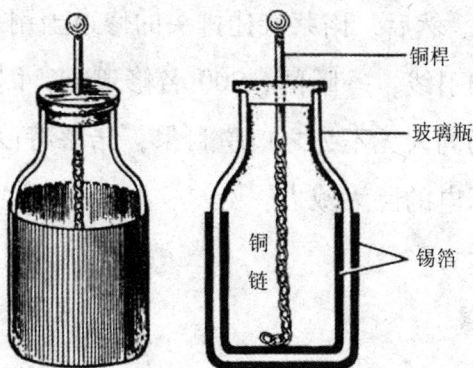

铜杆

玻璃瓶

铜链

锡箔

莱顿瓶示意图

1745 年，德国牧师克莱斯脱试用一根钉子把电引到瓶子里去，当他一手握瓶，一手摸钉子时，受到了明显的电击。1746年，荷兰莱顿城莱顿大学的教授穆欣布罗克无意中发现了同样的现象，用他自己的话说："手臂和身体产生了一种无形的恐怖感觉，总之，我认为自己的命没了"。穆欣布罗克公布了自己意外的发现：把带电的物体放进玻璃瓶里，就可以把电保存起来。于是电学史上第一个保存电荷的容器诞生了。它是一个玻璃瓶，瓶里瓶外分别贴有锡箔，瓶里的锡箔通过金属链跟金属棒连接，棒的上端是一个金属球，由于它是在莱顿城发明的，所以叫作莱顿瓶。

莱顿瓶很快在欧洲引起了强烈的反响，电学家们不仅利用它

们做了大量的实验，而且做了大量的示范表演，有人用它来点燃酒精和火药。其中最壮观的是法国人诺莱特在巴黎一座大教堂前所作的表演，诺莱特邀请了路易十五的皇室成员临场观看莱顿瓶的表演，他让700名修道士手拉手排成一行，队伍全长达900英尺（约275米）。然后，诺莱特让排头的修道士用手握住莱顿瓶，让排尾的握瓶的引线，一瞬间，700名修道士，因受电击几乎同时跳起来，在场的人无不为之口瞪目呆，诺莱特以令人信服的证据向人们展示了电的巨大威力。

知识链接

人体静电

"静电"就是人类最早认识的摩擦起电现象，是正电荷和负电荷在局部范围内失去平衡的结果，静电是通过电子或离子的转移而形成的。

它相对于经常使用的动力电，是静止的，特性是电流小，不形成回路。其特点是有运动、有摩擦就会产生静电反映，电位有时可高达几千伏或几万伏，放电后迅速消失，不能输送和分配。

人体在日常工作中，会与所穿的衣服、鞋帽、手套产生摩擦，并且衣服与周围物体之间、鞋子与地板之间、手与工件之间等都可产生摩擦。此外，当人体靠近带电物体时，也会感应出大小相等、符号相反的电荷以及带电颗粒的吸附，所有这些都是人体产生静电电荷的诱因，进而通过传导和静电感应，最终使人体

呈带电状态。

冬天里，在日常生活中，我们常常会受到静电的困扰：早上起来梳头，越梳越乱；晚上脱衣服睡觉时，黑暗中除了听到噼啪的声响外，还伴有蓝光；触摸门把手时感觉到电火花还有手指的疼痛。

为了防止静电的发生，室内要保持一定的湿度，室内要勤拖地、勤洒些水，或用加湿器加湿；要勤洗澡、勤换衣服，以消除人体表面积聚的静电荷。发现头发无法梳理时，将梳子浸入水中片刻，等静电消除之后，便可以将头发梳理服帖了。脱衣服之后，用手轻轻摸一下墙壁，摸门把手或水龙头之前也要用手摸一下墙，将体内静电"放"出去，这样静电就不会伤你了。对于老年人，应选择柔软、光滑的棉纺织或丝织内衣、内裤，尽量不穿化纤类衣物，以使静电的危害减少到最低限度。

雷 电

其实在人类有意识之时，天空中的电闪雷鸣就引起了人类的思考和崇拜。雷电长时间被看作是神秘的力量，是神的意志。雷电引发的森林火灾使人类接触火，并开始吃熟食。在漫长的生产活动中，人类一直在观察和研究雷电。

我国古代也有人观察和研究雷电现象，在《南齐书》中有关雷电的记述："雷震会稽山阴恒山保林寺，刹上四破，电火烧塔下佛面，而窗户不异也。"意思是：强大的放电电流通过佛像的金属膜，金属被融化。由于窗户是木质的，依然保持原样。

雷 电

人们谈起沈括，就一定会谈到他的《梦溪笔谈》，这本书对于雷电的描述就更为详细了："内侍李舜举家曾为暴雷所震，人庙之西室，雷火自窗而出，赫然出檐，人以为堂屋已焚，皆出避之。及雷止，其舍宛然，墙壁窗纸皆黔。有一木格其中杂贮诸器扣者，银悉熔流在地。漆器曾不焦灼。有一宝刀极坚钢，就刀室中熔为汁，而室亦俨然。人必谓火当先焚草木，然后流金石，今乃金石皆铄，而草木无一毁者，非人情所测也？"其实，由于漆器、刀室这些东西是绝缘体，宝刀和银扣则是导体，才会出现这一现象。

但总的说来人们对于电还茫然无知，当时西方人把雷电叫作"上帝的火"，他们还以为雷和电是一回事。

　　1750 年 5 月，英国皇家学会突然收到一篇论文，说天上的雷电和我们在实验室里摩擦产生的电是一回事，还列举了 12 条相同处，如：放光、有声、能点燃易燃物、能杀伤动物等等。还说到电是通过金属的尖端释放传递的，因此为使建筑物免遭雷击，可以在屋顶上装一个尖头铁棒，再以金属线接地，电就被引入地下。那皇家学会的会员们大都是天文、力学、数学方面的专家，他们研究的是那些高深的题目，那时化学还刚刚起步，这电学还不算一门学问呢。学会秘书看着这篇文章想，这大概又是什么江湖骗子的法术，"啪"地一声扔到纸篓里去了。

富兰克林

　　这个大胆送论文的人就是本杰明·富兰克林。富兰克林是世界上最早进行电学试验的人之一。他是电学史上第一个正确解释电荷性质的人。他提出了电学史上一项重要的假说：电是一种在平常条件下以一定比例存在于一切物质中的要素。他还发现，电可以从一个物体转移到另一个物体，在任一绝缘体中，总电量是

不发生变化的。这一结论就是近代电学中所谓的电荷守恒定律。

1752 年 6 月，终于盼来了一个大雷雨的天气。这天下午富兰克林正在家里摆弄着一些瓶瓶罐罐、金属导线，突然一阵风扑来，窗户被摇得嘎嘎直响，他探头一看，不觉喜上心头，忙领着儿子，架着一架用丝绸制成的大风筝迎着狂风向野外奔去。

富兰克林选了一块广阔的草地，将风筝向天空徐徐放去。突然大雨淋漓，富兰克林转身一看，草地上有一间牧人用过的旧房，忙招呼儿子站到房门里，让他拉紧风筝线，这样靠近手的一节线就不会因淋湿而导电。这一切都是精心设计好的，风筝是绸子制的，不怕雨淋，线是麻绳很结实，靠手的一节又换成绸带，不导电，麻绳与绸带间用金属线挂一把铜钥匙。富兰克林站在屋檐下紧张地注视着西边的天空，只见电光闪过一道又是一道，这时他发现，那拉紧的麻绳，本来是光溜溜的，那些细纤维突然一根一根都直竖起来。富兰克林眼睛一转，高兴地喊道："天电引来了！"因为毛皮摩擦带电时细毛也会竖起，这说明风筝线上已有电了。他一边嘱咐儿子小心，一边用手握成拳头慢慢接近那把铜钥匙。突然他像被谁推了一把，跌倒在地上，浑身发麻，他顾不得疼痛，也不知道害怕，喊着："是他来了，他乘着风筝下来了！我们握手了！"富兰克林将随身带来的莱顿瓶接在钥匙上，果然这瓶里储存了电，而且这电也有火花，可以点燃酒精灯，可以用它做各种电气实验，天电地电原来是一回事。

富兰克林成功了，人们说："是富兰克林把上帝和雷电分了家。"

富兰克林风筝试验

富兰克林把雷引入地下来防止雷击的建议却遭到皇家学会的"科学家们"的讥讽和嘲笑，但他并没有气馁，而是相信自己的想法是对的，就写信告诉一个法国朋友。那法国人用一根铁杆直立在屋顶上，在雷雨时真的把天空中的闪电引到了地下，这就是富兰克林发明的避雷针，我们至今还在使用。

富兰克林的在电学方面的重大贡献就是让人们认识到雷电和静电是一回事，彻底破除了人们对雷电的恐惧。特别是风筝实验的报告轰动了欧洲，使人们看到电学是一门有广大前景的科学，推动了电学、电工学的发展。

知识链接

雷电的产生

雷电是自然界中一种常见的放电现象，是发生在大气层中的声、光、电物理现象，常见的雷电是一部分带电云层与另一部分带异种电荷的云层与大地之间的放电过程。

关于雷电的产生有多种解释理论，通常我们认为由于大气中热空气上升，与高空冷空气产生摩擦，从而形成了带有正负电荷的小水滴。当正负电荷累积达到一定的电荷值时，会在带有不同极性的云团之间以及云团对地之间形成强大的电场，从而产生云团对云团和云团对地的放电过程，这就是通常所说的闪电和响雷。

具体来说，空中的尘埃、冰晶等物质在云层中翻滚运动的时候，分别带上了正电荷与负电荷。经过运动，带上相同电荷的质量较重的物质会到达云层的下部（一般为负电荷），带上相同电荷的质量较轻的物质会到达云层的上部（一般为正电荷）。这样，同性电荷的汇集就形成了一些带电中心，当异性带电中心之间的空气被其强大的电场击穿时，就形成闪电。在闪电通道中，电流极强，温度可骤升至2万摄氏度，气压突增，空气剧烈膨胀，人们便会听到爆炸似的声波振荡，这就是雷声。闪电的形状最常见的是枝状，此外还有球状、片状、带状。

随着人类社会经济的发展，因雷电引发的灾害越来越严重，

常遭受雷电影响的领域有建筑、电网、通讯、林业、交通、易燃易爆场所、军事设施，以及居民的电冰箱、电视、VCD 等电器设施等。

电 子

1862 年，德国物理学家威廉·爱德华·韦伯首次以带电粒子的移动解释电流现象，使"静电"与"动电"的本质统一起来了。1871 年为了解释安培的分子电流假说，韦伯又提出"带正电的粒子围绕负电中心旋转"，这使认识电的物质基础的范围已缩小到原子内部。

化学电源出现之后，人们可能获得比较稳定而持续的电流，并且可以控制电压的高低、电流的强弱。这为进一步研究电流本身的规律，以及电流与其他各种物理现象之间的联系提供了优越的条件。1820 年奥斯特发现了电流的磁效应。

但对电的本质的进一步认识，还是在研究稀薄气体放电现象中得到的。19 世纪初，人们在封入稀薄空气的玻璃管两端，加上几百伏以上的电压，观察到放电现象。但由于高真空技术不成熟，研究工作进展不大，直到 1855 年德国玻璃工人盖斯勒发明了水银空气泵，才创制出真空度较高的盖斯勒发光管。1859 年德国学者普留卡用盖斯勒管做实验时，发现在阳极方面的玻璃上出现了荧光，当时他猜想可能有一种神奇的东西从阳极发出来，打在管壁上。这种东西受磁场作用，路径会发生弯曲。后来，他的学生希特洛夫在两个电极中间放个小物体，发现盖斯勒管放电

时，在阳极方面的玻璃上呈现出这个物体的阴影。1876 年科学界确认了这项发现，称阴极发出的东西为"阴极射线"。

英国物理学家约翰·汤姆生经过大量实验后，确认"阴极射线"是带负电的，并测量出射线中粒子的荷质比。实验表明，不论射线管中充以何种气体，电极用哪种金属材料制成，所得射线中粒子的荷质比都相同。由此汤姆生认为阴极射线中带负电的粒子存在于任何元素之中，是一切物质中共有的粒子，并把这种粒子称为"电子"。

1909 年美国物理学家密立根用油滴实验，测得电子的电荷值为 1.6×10^{-19} 库仑，证实了汤姆生关于电子性质的预言。

第二节　电是什么

现在，我们已经知道了电是怎样被人发现的，下面我们来了解一下电的基本构造和常用元件。

原子和电子

世间一切的物质都是由不同的"分子"组成，例如水是由水分子组成，氧气是由氧分子组成；分子又是由不同的原子组成，如水分子由两个氢原子及一个氧原子所构成。想明白电是如何形成的道理，还必须研究原子的构造。

原子的直径约为一亿分之一厘米，原子虽然很小，但剖析其

内部还可发现它是由中子、质子及电子等 3 种更小的粒子组成，其中电子带负电，质子带正电，中子则不带电，而这些粒子的数目因原子种类的不同而有异，如氢原子中只有一个质子及一个电子，氧原子却由 8 个中子、8 个质子及 8 个电子所组成。正如左图所示，中子与质子会紧密结合形成"原子核"。

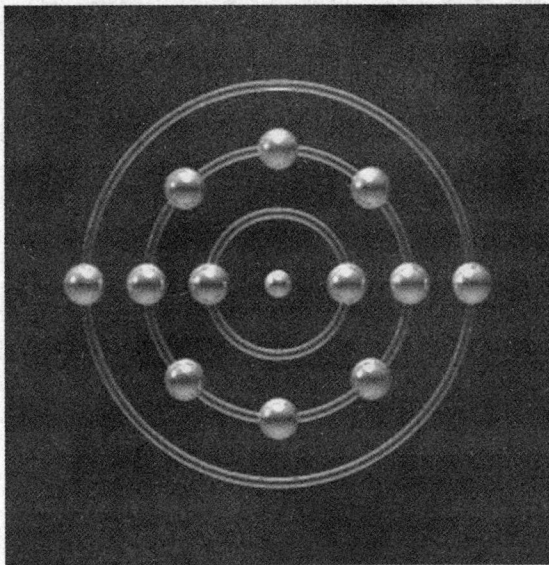

原子核外电子排布

电子则循着固定的轨道绕着原子核旋转，原子的直径即是最外层电子轨道的直径，而原子核的直径约为原子直径的 1/10000，如果把原子比喻为一个直径 100 米的棒球场，则原子核就像放在球场中心的一粒樱桃，由此不难想象其中的中子与质子是多么微小。

看到这里，你太概可以猜到"电"是与电子有关。事实上原子核周围的电子是很规则地在一层层的轨道绕行，外层电子因为

受到原子核的束缚力较小，容易受外力激发脱离轨道，如受到其他电子撞击，或受电场的吸引，而成为自由电子，有这种特性的物质便很容易传送电流，而这种物质便是我们熟称的"导体"，如银、铜、金及铝等物质。如果产生自由电子的能力极低，这种物质就是我们所熟悉的"绝缘体"，如玻璃、橡胶或羊毛等。

正因绝缘体不导电，所以它们之间互相摩擦时，有的在表层会积存多余的电子，有的则因失去电子而维持正电，此时若将不同电性的两种物质互相靠近，便会产生吸引力，这种引力便是希腊人摩擦琥珀后观察到的神秘引力。

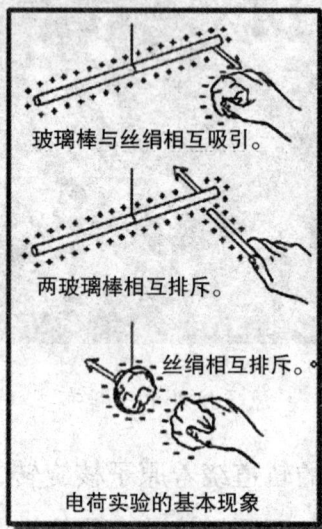

玻璃棒与丝绢相互吸引。

两玻璃棒相互排斥。

丝绢相互排斥。

电荷实验的基本现象

电荷实验的基本现象

前面我们说过，电是一种自然现象。正电荷和负电荷具有产生排斥和吸引力的属性。电场的作用是自然界 4 种基本相互作用之一。电或电荷有 2 种：我们把一种叫作正电、另一种叫作负

电。通过实验我们发现带电物体同性相斥、异性相吸，其吸引力或排斥力遵从库仑定律。关于电，有这样的看法：丝绸摩擦过的玻璃棒带正电荷；毛皮摩擦过的橡胶棒带有负电荷。

一个带电体所带电荷的多少可以用电子数目来表示，不过在实用上这个单位的大小，我们常以库伦作为电量的单位。

$$1 库伦 = 6.24 \times 10^{18} 个电子电荷$$

电 流

我们虽然看不到电，但是电线随处可见。电线内有电流流动，肉眼并没有办法看见电流，它却可以让日常生活中的电器运转。那电流是什么呢？电流是如何产生的呢？在电源的作用下，带电微粒会发生定向移动，正电荷向电源负极移动，负电荷向电源正极移动。带电微粒的定向移动就是电流，一般以正电荷移动的方向为电流的正方向。

电流的方向和大小不随时间变化的电流称为直流电，电流的大小和方向随时间做周期性变化的电流称为交流电。

通常情况下，我们把电流的大小称为电流强度，电流强度简称为电流。电流的国际单位叫安培，简称为安，符号为 A。安培是以法国物理学家安德烈－玛丽·安培的名字命名的。安培对电磁学的发展可说是功不可没。他不但创造了"电流"这个名词，又将正电流动的方向定为电流的方向。1820 年他根据奥斯特的发现的"电流的磁力效应"，进行了很多有关电流和磁铁相互作用的实验，得出几个重要的结果：

（1）两个距离相近、强度相等、方向相反的电流对另一电流产生的作用力可以相互抵消

（2）在弯曲导线上的电流可被看成由许多小段的电流组成，它的作用就等于这些小段电流的矢量和。

（3）当载流导线的长度和作用距离同时增加相同的倍数时，作用力将保持不变。

安 培

经过一番定量的分析之后，他终于在 1822 年发现了安培定律，并在 1826 年推出两电流之间的作用力的公式。

电 压

大家都知道，水在水管中所以能流动，是因为高水位和低水位之间的差别，产生一种压力，水才能从高处流向低处。城市中使用的自来水，之所以一打开水龙头，就能从管中流出水，也是因为自来水的贮水塔比地面高。

电也是如此，电流所以能够在导线中流动，也是因为有高电位和低电位之间的差别。这种差别叫电位差，也叫电压。换句话说，在电路中，任意两点之间的电位差称为这两点的电压。

电压用符号"U"表示。电压的作用，是使某段电路中产生电流。

电压是指稳恒电路中任意两点间的电势差。单位为伏特。在交流电路中，电压有瞬时值、平均值和有效值之分，有时简称其有效值为电压。如通常照明用电为 220 伏即指电压有效值。电压的字母是 U，单位是 V。

高电压可以用千伏（kV）表示，低电压可以用毫伏（mV）表示。

它们之间的换算关系是：1 千伏（kV）= 1000 伏（V），1 伏（V）= 1000 毫伏（mV）

千伏大于伏特大于毫伏，进率为 1000。

高压电线电压可分为高电压与低电压。

高低压的区别则是以火线的对地间的电压值为依据的。对地电压高于 250 伏的为高压。对地电压小于 250 伏的为低压。

习惯的说法是 380 伏或 500 伏以上的电压为高压。220 伏的为低压。其实质是一种误解，也是对电的不了解。只要高于 250 伏，哪怕是 1 千、1 万、10 万伏的只要对地电压高于 250 伏就是高压。像我们的家庭用电 220 伏是一种低压。工业常用的 380 伏电压其实也是一种低压。因为它是 3 根火线 1 根零线，火线的对地电压是 220 伏，所以它也是低压。

电 阻

顾名思义，导体的电阻就是导体对电流的阻碍作用，它是所有电子电路中使用最多的元件。电阻的主要物理特征是变电能为热能，也可说它是一个耗能元件，电流经过它就产生内能。电阻在电路中通常起分压分流的作用，交流与直流信号都可以通过电阻。

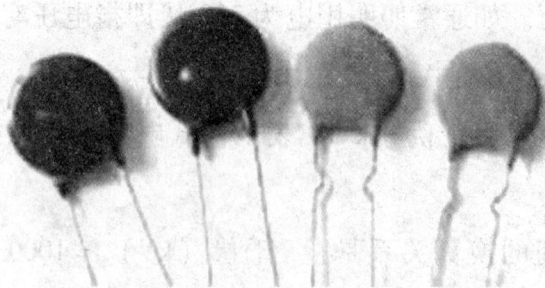

电阻一

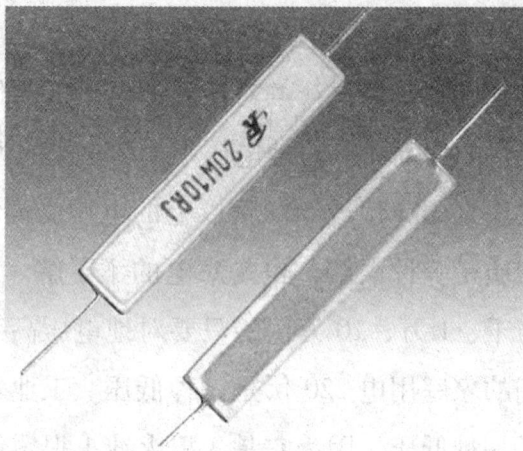

电阻二

电阻都有一定的阻值，它代表这个电阻对电流流动阻挡力的大小。电阻的单位是欧姆，用符号"Ω"表示。格奥尔格·西蒙·欧姆是德国物理学家。1827年欧姆发现了电阻中电流与电压的正比关系，即著名的欧姆定律，意识是在同一电路中，导体中的电流跟导体两端的电压成正比，跟导体的电阻阻值成反比。

格奥尔格·西蒙·欧姆

欧姆是这样定义的：当在一个电阻器的两端加上1伏特的电压时，如果在这个电阻器中有1安培的电流通过，则这个电阻器的阻值为1欧姆。除了欧姆外，电阻的单位还有千欧（KΩ），兆欧（MΩ）等。

电阻的种类很多，通常分为碳膜电阻、金属电阻、线绕电阻等。它又包含固定电阻与可变电阻、光敏电阻、压敏电阻、热敏电阻等。但不管电阻是什么种类，它都有一个基本的表示字母"R"。电阻的单位用欧姆（Ω）表示。它包括Ω（欧姆），KΩ（千欧），MΩ（兆欧）。其换算关系为：$1MΩ = 1000KΩ$，$1KΩ = 1000Ω$。

电 容

除电阻外，电容是第二种最常用的元件。电容的主要物理特征是储存电荷。由于电荷的储存意味着能的储存，因此也可说电容器是一个储能元件，确切的说是储存电能。两个平行的金属板即构成一个电容器。

电 容

电容的基本工作原理就是充电放电，当然还有整流、振荡以及其他的作用。另外电容的结构非常简单，主要由两块正负电极和夹在中间的绝缘介质组成，所以电容类型主要是由电极和绝缘介质决定的。

电容按结构可分为：固定电容、可变电容、微调电容。

按介质材料可分为：气体介质电容、液体介质电容、无机固体介质电容、有机固体介质电容、电解电容。我们最常见到的就

电容

是电解电容。

　　电容在电路中具有隔断直流电，通过交流电的作用，因此常用于级间耦合、滤波、去耦、旁路及信号调谐。

知识链接

常见的电压

1. 电视信号在天线上感应的电压约 0.1mV

2. 维持人体生物电流的电压约 1mV

3. 干电池两极间的电压 1.5V

4. 电子手表用氧化银电池两极间的电压 1.5V

5. 一节蓄电池电压 2V

6. 手持移动电话的电池两极间的电压 3.6V

7. 对人体安全的电压不高于 36V

8. 家庭电路的电压 220V

9. 动力电路电压 380V

10. 无轨电车电源的电压 550～600V

11. 列车上方电网电压 1500v

12. 电视机显像管的工作电压 10kV 以上

13. 发生闪电的云层间电压可达 103kV

第三节　直流电与交流电

直流电

18 世纪研究电的科学家们发现不同的金属释放电子的能力不同，将能力高（如锌）与能力低（如铜）的两种金属，用适当的溶液及导线相连，则会产生持续性的电流，这种电流便是"直流电"，而类似的装置即为今日常用电池的基本构造。

直流电的发明为当时的生活带来许多便利，但它有不易大量生产以及持续性不够久的缺点。幸而在 19 世纪中，科学家发现了磁场，同时也发现导线在磁场中移动会产生电流，更因此而发明了便宜又好用的交流电，丰富了人类的生活。

直流电，是指方向和时间不做周期性变化的电流，但电流大小可能不固定，而产生波形，又称恒定电流。所通过的电路称直

流电路，是由直流电源和电阻构成的闭合导电回路。

在直流电路中，形成恒定的电场。在电源外，正电荷经电阻从高电势处流向低电势处，在电源内，靠电源的非静电力的作用，克服静电力，再从低电势处到达高电势处，如此循环，构成闭合的电流线。所以，在直流电路中，电源的作用是提供不随时间变化的恒定电动势，为在电阻上消耗的焦耳热补充能量。

测量直流电路中电流、电压、电阻、电源电动势等物理量的仪表称为直流仪表。常用的有灵敏电流表（G 表）、电流表、伏特计、电桥、电势差计等。

直流电源有化学电池、燃料电池、温差电池、太阳能电池、直流发电机等。直流电主要应用于各种电子仪器、电解、电镀、直流电力拖动等方面。利用直流电还可以进行水的电解实验。将负极插入水中，可以使水电解为氢气，正极则使水电解为氧气。

在电力传输上，19 世纪 80 年代以后，由于不便于将直流电低电压升至高电压进行远距离传输，直流输电曾让位于交流输电。20 世纪 60 年代以来，由于采用高电压、大功率变流器将直流电变为交流电，直流输电系统又重新受到重视并获得新的发展。

交流电

交流电就是随时间而改变方向的电流，因导线在磁场中无法永远在同一方向移动，而必须做周期性的往返运动，因此其产生的电流也会定期改变方向，就像我们的呼吸一样，吸饱气时必须

呼气才能吸一下口气，而我们肺部也就跟着做氧气与二氧化碳的周期性交换动作。

图中是一个简单的交流发电机原理示意图，图中环状导线藉着连接其上的转轴不断旋转，并与南北两磁极连成的磁力线相交而产生交流电，转轴前端的电刷则将导线所产生的电流引出送到输配电系统，再送到工厂或家中使用。简而言之，我们只要想办法让一组环状导电线圈在磁场中持续转动，原则上就可以得到电灯、电视、电冰箱、冷气机……所需的电力。

交流电也称"交变电流"，简称"交流"。一般指大小和方向随时间做周期性变化的电压或电流。它的最基本的形式是正弦电流。我国交流电供电的标准频率规定为 50 赫兹，日本等国家为 60 赫兹。交流电随时间变化可以以多种多样的形式表现出来。不同表现形式的交流电其应用范围和产生的效果也是不同的。交流电以正弦交流电应用最为广泛，且其他非正弦交流电一般都可以经过数学处理后，化成为正弦交流电的迭加。正弦电流（又称简谐电流），是时间的简谐函数。当线圈在磁场中匀速转动时，线圈里就产生大小和方向做周期性改变的交流电。现在使用的交流电，一般是方向和强度每秒改变 50 次。我们常见的电灯、电动机等用的电都是交流电。在实用中，交流电用符号"～"表示。

欧姆定律是电学基本定律之一，是指同一导体中，通过导体的电流与导体两端的电压成正比，与导体的电阻成反比。由德国物理学家格奥尔格·欧姆于 1827 年提出。它说明了电流和电压

与电阻之间的关系。

各有长处——交流电和直流电

交流电是用交流发电机发出的，在发电过程中，多对磁极是按一定的角度均匀分布在一个圆周上，使得发电过程中，各个线圈就切割磁力线，由于具有多对磁极，每对磁极产生的磁力线被切割产生的电压、电流都是按弦规律变化的，所以能够不断地产生稳定的电流。交流电的频率一般是 50 赫兹，即每秒变化 50 次。当然也有其他频率，如电子线路中有方波的、三角形的等，但这些波形的交流电不是导体切割磁力线产生的，而是电容充放电、开关晶体管工作时产生的。

直流电的方向则不随时间而变化。通常又分为脉动直流电和稳恒电流。脉动直流电中有交流成分，如彩电中的电源电路中大约 300 伏的电压就是脉动直流电成分，可通过电容去除。稳恒电流则是比较理想的，大小和方向都有不变。

把一节电池的头（正极）对着另一节的尾（负极）装在手电筒中，手电筒就亮了：如果倒过来，头对头或尾对尾，手电筒就不亮。这是因为电池所产生的电流总是朝一个方向流动，所以叫做直流电。

通过输电线或电缆送入家中的电，不是直流电，而是交流电。因为这种电流一会儿朝某个方向、一会儿又朝相反的方向流动。

尽管交流电"变化多端"，但它比起直流电来，有一个最大

的优点，就是可以使用变压器，根据需要来升高或降低交流电电压。因为发电厂产的电，都要输送到很远的地方，供用户使用。电压越高，输送中损失越小。当电压升高到 3.5 万伏或 22 万伏，甚至高达 50 万伏时，输送起来就更加经济。无论什么地方要使用电，为适应其特定的用途，又都得把电压降低。例如家庭用电只要 220 伏，而工厂常用 380 伏，等等。

直流电也有它的优点，在化学工业上，像电镀等，就非要直流电不可。开动电车，也是用直流电比较好。

为了适应各种电器的特定用途，也可把交流电变成直流电，这叫整流。一些半导体收音机或录音机上，都可用外接电源。通过一个方块形装置，把交流电变成直流电来使用。这个降压和整流用的装置，叫电源变换器。

第四节 电 路

几根零乱的电线将 5 个电子元件连接在一起，就形成了世界历史上第一个集成电路。虽然它看起来并不美观，但事实证明，其工作效能要比使用离散的部件要高得多。历史上第一个集成电路出自杰克－基尔比之手。

电路，我们又叫它电子回路，是由电气设备和元器件，按一定方式联接起来，为电荷流通提供了路径的总体，也叫电子线路或称电气回路，简称网络或回路。如电源、电阻、电容、电感、

二极管、三极管、电晶体、IC 和电键等，构成的网络、硬体。负电荷可以在其中流动。最简单的电路，是由电源、负载、导线、开关等元器件组成。电路导通叫做通路。只有通路，电路中才有电流通过。电路中某一处因中断，没有导体连接，电流无法通过，导致电路中电流消失，叫做断路或者开路。一般对电路无损害。电源未经过任何负载而直接由导线接通成闭合回路，也就是说电路某一部分的两端直接接通，使这部分的电压变成零，叫做短路。易造成电路损坏、电源瞬间损坏，如温度过高烧坏导线、电源等。

电路是电流所流经的路径，电路分为很多种类。电路的大小，可以相差很大，小到硅片上的集成电路，大到高低压输电网。它可以分为电源电路、电子电路、基频电路、高频电路等；按元件种类分，又可以分为被动元件和主动元件两种。在这里我们只详细介绍电子电路中的模拟电路和数字电路。

根据所处理信号的不同，电子电路可以分为模拟电路和数字电路。

模拟电路是由自然界产生周期性变化的连续性的物理自然变量，在将连续性物理自然变量转换为连续的电信号，并通过运算连续性电信号的电路即称为模拟电路。模拟电路对电信号的连续性电压、电流进行处理。最典型的模拟电路应用包括：放大电路、振荡电路、线性运算电路（加法、减法、乘法、除法、微分和积分电路）、运算连续性电信号。

数字电路，亦称为逻辑电路。将连续性的电讯号，转换为不

连续性定量的电信号，并运算不连续性定量电信号的电路，称为数字电路。数字电路中，信号大小为不连续并定量化的电压状态。多数采用布尔代数逻辑电路对定量后信号进行处理。典型数字电路有振荡器、寄存器、加法器、减法器等运算不连续性定量电信号。

集成电路，运用集成电路设计程式（IC 设计），将一般电路设计到半导体材料里的半导体电路（一般为硅片），称为积体电路。利用半导体技术制造出集成电路（IC）。

在我们的日常生活当中，电路无处不在。单说我们使用的计算机，平时爱不释手的游戏机，以及 MP3 等各种影音播放器，还有各样家电中，都有微处理器电路，它又叫做微控制器电路。

比微处理器电路再高一级的呢，就是电脑电路。顾名思义，我们平时用的台式电脑笔记本电脑掌上电脑，还有用于工业的专业电脑等，都离不开电脑电路。

在我们日常通讯中，电路还有着至关重要的作用。比如手机、座机、有线网络、无线网络、有线传送、无线传送、红外线、微波通讯、卫星通讯等等。它使我们能在任何位置都能够和相隔千里的朋友进行联系。这就是通讯电路。

当然还有显示器电路，它形成荧幕、电视、仪表等各类显示器。光电电路，比如太阳能电路就是光电电路中的一种。电机电路则常用于大电源设备，比如电力设备、运输设备、医疗设备、工业设备等等。

电路如此伟大，它又是怎样组成的呢？其实，电路由电源，

负载，连接导线和辅助设备4大部分组成。实际应用的电路都比较复杂，因此，为了便于分析电路的实质，通常用符号表示组成电路实际原件及其连接线，即画成所谓电路图。其中导线和辅助设备合称为中间环节。

1. 电源

电源是提供电能的设备。电源的功能是把非电能转变成电能。例如，电池是把化学能转变成电能；发电机是把机械能转变成电能。由于非电能的种类很多，转变成电能的方式也很多，所以，目前实用的电源类型也很多，最常用的电源是固态电池、蓄电池和发电机等。

2. 负载（用电器）

在电路中使用电能的各种设备统称为负载。负载的功能是把电能转变为其他形式能。例如，电炉把电能转变为热能；电动机把电能转变为机械能，等等。通常使用的照明器具、家用电器、机床等都可称为负载。

3. 导线

连接导线用来把电源、负载和其他辅助设备连接成一个闭合回路，起着传输电能的作用。

4. 辅助设备

辅助设备是用来实现对电路的控制、分配、保护及测量等作用的。辅助设备包括各种开关、熔断器及测量仪表等。

第五节　电与磁

以前，人们觉得电和磁是互不相关、完全不同的两码事，对它们的研究也是分别进行的。

第一个发现电磁之间有联系的是著名物理学家奥斯特。奥斯特（1777～1851）是丹麦人，从小聪明好学，小学和中学的成绩都很突出。1794 年，奥斯特以优异成绩考入哥本哈根大学学习，后来便成为这所著名大学的物理学教授。

当时很多科学家都认为电和磁之间不可能有什么关系。法国物理学家库仑表示：电与磁是完全不同的实体；另一位法国物理学家、安培定律的创立者安培也说过：电和磁是相互独立的两种不同的流体。

然而，也有一些人猜测电和磁之间可能存在着某种联系。一位名叫威克菲尔德的小商人，就曾描述过雷电使他箱子中的刀、叉、钢针磁化现象；美国科学家富兰克林曾做过莱顿瓶放电实验，结果放电电流把焊条磁化了。这一实验使奥斯特认定电磁转化是很有可能的，所以一直想找到能证明这种转化的方法。

1820 年 4 月的一天，奥斯特在一次讲演快结束的时候，抱着试试看的心情又做了一次实验。他把一条非常细的铂导线放在一根用玻璃罩罩着的小磁针上方，接通电源的瞬间，发现磁针跳动了一下。这一跳使有心的奥斯特喜出望外，竟激动得在讲台上摔

了一跤。以后的 2 个月里，奥斯特闭门不出，设计了几十个不同的实验，都证实了通电导线周围存在磁场。同年 7 月，奥斯特发表了《关于磁体周围电冲突的实验》论文，向学术界宣布了电流的磁效应，整个物理学界都震动了。

奥斯特的重大发现，揭示了电与磁之间的联系，为以后法拉第发现电磁感应定律、麦克斯韦建立统一的电磁场理论奠定了基础。法拉第后来在评价奥斯特的发现时说："它猛然打开了一个科学领域的大门，那里过去是一片漆黑，如今充满了光明。"

奥斯特发现电流磁效应后，许多物理学家便试图寻找它的逆效应，提出了磁能否产生电，磁能否对电作用的问题。1831 年法拉第证明了电磁感应现象，他通过实验证明，闭合电路的一部分导体在磁场中做切割磁感线运动，导体中就会产生电流。这种现象叫电磁感应现象。产生的电流称为感应电流。

电磁感应现象是电磁学中最重大的发现之一，它揭示了电、磁现象之间的相互联系。法拉第电磁感应定律的重要意义在于：一方面，依据电磁感应的原理，人们制造出了发电机，电能的大规模生产和远距离输送成为可能；另一方面，电磁感应现象在电工技术、电子技术以及电磁测量等方面都有广泛的应用。人类社会从此迈进了电气化时代。

电磁辐射

要了解电磁辐射，先来看看什么是电磁波。

根据麦克斯韦建立的电磁场理论的基本概念和实践证明，在

任何区域有变化的电流产生，在其附近感应出相应变化的电场并在邻近区域内将引起变化的磁场；这个变化磁场感应出新的电场；这种电场和磁场交替产生；由近及远，似近于光的速度在空间内传播的过程，称为电磁波。电视台向空间发射的电视信号；手机发射台的通讯信号：雷达发射的微波信号都是电磁波；所有的电力输送线路、通讯线路、电子设备、电脑、微波炉、复印机……一切用电设备及产品，他在工作时均有交变的电流产生，有交电流就会感应出交变电场，交变电场又产生交变磁场，如此向空间辐射，传送"电磁波"。

简单地说，电场和磁场的交互变化产生电磁波。电磁波向空中发射或泄漏的现象叫电磁辐射。近年来电磁辐射对人类健康的影响成为世界性的话题。

其实人类一直生活在电磁环境里。地球本身就是一个大磁场，其表面的热辐射和雷电都可产生电磁辐射。此外，太阳及其他星球也自外层空间源源不断地产生电磁辐射。但天然产生的电磁辐射对人体是没有损害的，对人体构成威胁、对环境造成污染的是人工产生的电磁辐射。过量的电磁辐射就造成了电磁污染，从而威胁到人们的健康。

1998 年世界卫生组织调查显示，电磁辐射对人体有 5 大影响：①电磁辐射是心血管疾病、糖尿病、癌突变的主要诱因；②电磁辐射对人体生殖系统、神经系统和免疫系统造成直接伤害；③电磁辐射是造成流产、不育、畸胎等病变的诱发因素；④过量的电磁辐射直接影响大脑组织发育、骨髓发育、视力下降、肝

病、造血功能下降，严重者可导致视网膜脱落；⑤电磁辐射可使男性性功能下降，女性内分泌紊乱、月经失调。

电磁辐射对人的影响虽普遍存在，却并不可怕。世界卫生组织明确地在其官方文件中指出：没有一个综合评估已表明，低于国际导则限值的电磁场曝露水平，会具有有害的健康影响。它同时指出：较低频率的电磁波通常应称为"电磁场"，只有非常高频率的电磁波才可称为"电磁辐射"。

另外，不同的人或同一人在不同年龄段对电磁辐射的承受能力是不一样的，即使在超标环境下，也不意味着所有人都会得病，因此大可不必对电磁辐射"草木皆兵"。当然，对老人、儿童、孕妇和装有心脏起搏器的病人，对电磁辐射敏感人群及长期在超剂量电磁辐射环境中工作的人应采取防范措施。

电磁辐射污染对人体危害到底有多大，时至今日，科学界仍存在很大争议。

知识链接

怎样预防电磁辐射

关于电磁污染标准的学界争论还在继续，但我们还需在各种电磁辐射环境中工作与生活，人们又该如何预防并减轻电磁辐射对自身的伤害呢？

1. 提高自我保护意识，重视电磁辐射可能对人体产生的危害，多了解有关电磁辐射的常识，学会防范措施，加强安全

防范。

2. 不要把家用电器摆放得过于集中，或经常一起使用，以免使自己暴露在超剂量辐射的危害之中。特别是电视、电脑、冰箱等电器更不宜集中摆放在卧室里。

3. 各种家用电器、办公设备、移动电话等都应尽量避免长时间操作。如电视、电脑等电器需要较长时间使用时，应注意至少每1小时离开1次，采用眺望远方或闭上眼睛的方式，以减少眼睛的疲劳程度和所受辐射影响。电视、电脑等电器的屏幕产生的辐射会导致人体皮肤干燥缺水，加速皮肤老化，严重的会导致皮肤癌，所以，在使用完上述电器后及时洗脸。

对各种电器的使用，应保持一定的安全距离。如眼睛离电视荧光屏的距离，一般为荧光屏宽度的5倍左右；微波炉在开启之后要离开至少1米远，孕妇和小孩应尽量远离微波炉。

4. 手机接触瞬间释放的电磁辐射最大，为此最好在手机响过一两秒后或电话两次铃声间歇中再接听电话。

手机在使用时，应尽量使头部与手机天线的距离远一些，最好使用耳机接听电话。

5. 多食用一些胡萝卜、豆芽、西红柿、油菜、海带、卷心菜、瘦肉、动物肝脏等富含维生素A、C和蛋白质的食物，以利于调节人体电磁场紊乱状态，加强肌体抵抗电磁辐射的能力。

第二章 电的生产

电是那么的重要，人们几乎一刻也离不开它，那么，它是如何产生的？

从电力生产的历史看，水电与火电在很长一段时间内是主角，20 世纪后半期，核电开始得到一定的发展，并最终形成水电、火电、核电三分天下的格局，也就是说，现在世界人们所用的电大都是这三种方式生产的。

我国是煤炭之国，火力发电占很大比重；水力发电出现较早，发展历史长，占有一定比例；核能发电尚处于起步阶段。目前的电力结构中，火力发电处在绝对主导地位，占总装机容量的 70% 以上。

本章就向大家介绍电是如何生产出来的，以及主要的 3 种生产方式——水电、火电和核电。

第一节　发电机

发电机是将其他形式的能源转换成电能的机械设备，最早产生于第二次工业革命时期，由德国工程师西门子于 1866 年制成，它由水轮机、汽轮机、柴油机或其他动力机械驱动，将水流、气流、燃料燃烧或原子核裂变产生的能量转化为机械能传给发电机，再由发电机转换为电能。发电机在工农业生产、国防、科技及日常生活中有广泛的用途。

发电机的形式很多，但其工作原理都基于电磁感应定律和电磁力定律。因此，其构造的一般原则是：用适当的导磁和导电材料构成互相进行电磁感应的磁路和电路，以产生电磁功率，达到能量转换的目的。

前面说过英国科学家法拉第于 1831 年发现了电磁感应原理：当磁场的磁力线发生变化时，在其周围的导线中就会感应产生电流。

第二年，受法拉第发现的启示，法国人皮克希应用电磁感应原理制成了最初的发电机。

皮克希的发电机是在靠近可以旋转的 U 形磁铁的地方，用两根铁芯绕上导线线圈，使其分别对准磁铁的 N 极和 S 极，并将线圈导线引出。这样，摇动手轮使磁铁旋转时，由于磁力线发生了变化，结果在线圈导线中就产生了电流。

后来皮克希在磁铁的旋转轴上加装两片相互隔开成圆筒状的金属片，由线圈引出的两条线头，经弹簧片分别与两个金属片相接触。另外，再用两根导线与两个金属片接触，以引出电流。这个装置，就叫做整流子，在后来的发电机上仍得到应用。

从皮克希发明发电机后的 30 多年间，虽然有所改进，并出现了一些新发明，但成果不大，始终未能研制出能输出像电池那样大的电流，而且可供实用的发电机。

1867 年，德国发明家韦纳·冯·西门子对发电机提出了重大改进。他认为，在发电机上不用磁铁，而用电磁铁，这样可使磁力增强，产生强大的电流。

西门子用电磁铁代替永久磁铁发电的原理是，电磁铁的铁芯在不通电流时，也还残存有微弱的磁性。当转动线圈时，利用这一微弱的剩磁发出电流，再反回给电磁铁，促使其磁力增强，于是电磁铁也能产生出强磁性。

接着，西门子着手研究电磁铁式发电机。很快就制成了这种新型的发电机，它能产生皮克发电机所远不能相比的强大电流。同时，这种发电机比连接一大堆电池来通电要方便得多，因而它作为实用发电机被广泛应用起来。

西门子的新型发电机问世后不久，意大利物理学家帕其努悌于 1865 年发明了环状发电机电枢。这种电枢是以在铁环上绕线圈代替在铁芯棒上绕制的线圈，从而提高了发电机的效率。

实际上，帕斯努悌早在 1860 年就提出了发电机电枢的设想，但未能引起的人们的注意。1865 年，他又在一本杂志上发表了这

汽车发电机

一独创性的见解，仍未得到社会的公认。

到了 1869 年，比利时学者古拉姆在法国巴黎研究电学时，看到了帕其努悌发表的文章，认为这一发明有其优越性。于是，他就根据帕其努悌的设计方案，兼采纳了西门子的电磁铁式发电机原理进行研制，于 1870 年制成了性能优良的发电机。

在帕其努悌的发明中，对发电机的整流子部分进行了重要改进，使发电机发出的电流强度变化极小。而采用帕其努悌设计方案制成的古拉姆式发电机，其发出的电流强度变化也很小。这是古拉姆发电机的优良性能的表现之一。古拉姆发电机的性能好，所以销路很广，他不仅发了财，而且被人们誉为"发电机之父"。

随着发电机的逐渐大型化，转动发电机的动力也发生了变化。其中以水力作动力更使人们感兴趣。这是因为用水力转动大型发电机较方便，而且不消耗燃料，成本低。因此，西门子公司又投入水力发电的研究工作。

利用水力发电与水力发电不同，前者必须将发电机安装在水流湍急的地方，也就是水流落差大的地方。这样，就必须在山中河川的上游发电，然后再输送到远方的城市。

水轮发电机安装

为了远距离输送电，就要架设很长的输电线。但是，在输电线中通过很强的电流时，电线就要发热，这样，好不容易发出的电能在送向远方的途中，却因为电线发热而损耗掉了。

为了减少电能在长距离输送中的发热损耗，可以采用的办法有两个：一是增加电压的截面积，即将电线加粗，减小电阻；二是提高电压而减小电流。

前一个措施因需要大量的金属导线，而且架设很粗的导线有很多困难，因而很难得到采用。比较起来，还是后一个措施有实用价值。然而，对于当时使用的直流电来说，使其电压提高或降低都是难以实现的。于是，人们只得开始考虑利用电压很容易改变的交流电。

看来，将直流发电机改为交流电发电机比较容易，主要是取掉整流子就行了。所以，西门子公司的阿特涅便于1873年发明了交流发电机。此后，对交流发电机的研究工作便盛行起来，从而使交流发电机得到了迅速的发展，并在今天仍占据主要地位。

发电机的种类有很多种。从原理上分为同步发电机、异步发电机、单相发电机、三相发电机；从产生方式上分为汽轮发电机、水轮发电机、柴油发电机、汽油发电机等；从能源上分为柴油发电机、火力发电机、水力发电机、核能发电机等。

第二节　火力发电

在所有发电方式中，火力发电是历史最久的、也是最重要的一种。火力发电的基本生产过程是，燃料在锅炉中燃烧，将其热量释放出来，传给锅炉中的水，从而产生高温高压蒸汽；蒸汽通过汽轮机又将热能转化为旋转动力，以驱动发电机输出电能。

利用煤、石油、天然气等固体、液体燃料燃烧所产生的热能转换为动能以生产电能，都可以称为火电。按燃料的类别可分为燃煤火电厂、燃油火电厂和燃气火电厂等。按功能又可分为发电厂和热电厂。发电厂只生产并供给用户以电能；而热电厂除生产并供给用户电能外，还供应热能。按服务规模可分为区域性火电厂、地方性火电厂以及流动性列车电站。区域性电厂装机容量较大，一般建造在燃料基地，如大型煤矿附近，其电能通过长距离的输电线路供给用户。

火力发电厂

1875 年法国巴黎北火车站建成世界上第一座火电厂并开始发电，采用很小的直流电机专供附近照明用电。美国、俄国、英国也相继建成小火电厂。1886 年，美国建成第一座交流发电厂。1882 年，中国在上海建成一座装有 1 台 12 千瓦直流发电机的火

电厂，供电灯照明用。

20 世纪 80 年代以后，中国火电厂的燃料主要是煤。1987年，火电厂发电量的 87% 是煤电，其余 13% 是烧油或其他燃料发出的。

火力发电厂的基本生产过程

现代化火电厂是一个庞大而又复杂的生产电能与热能的工厂。它由下列 5 个系统组成：

①燃料系统。

②燃烧系统。

③汽水系统。

④电气系统。

⑤控制系统。

火电厂最主要的设备是锅炉、汽轮机和发电机，它们安装在主厂房内。主变压器和配电装置一般装放在独立的建筑物内或户外，其他辅助设备如给水系统、供水设备、水处理设备、除尘设备、燃料储运设备等，有的安装在主厂房内，有的则安装在辅助建筑中或在露天场地。火电厂基本生产过程是，燃料在锅炉中燃烧，将其热量释放出来，传给锅炉中的水，从而产生高温高压蒸汽；蒸汽通过汽轮机又将热能转化为旋转动力，以驱动发电机输出电能。到 20 世纪 80 年代为止，世界上最好的火电厂的效率达到 40%，即把燃料中 40% 的热能转化为电能。

火力发电厂的汽水系统（或称为热力系统），汽水系统包括

由锅炉、汽轮机、凝汽器及给水泵等组成的汽水循环和水处理系统、冷却水系统等。

火力发电冷却系统

水在锅炉中加热后蒸发成蒸汽，经过热气进一步成为过热蒸汽，然后经管道送入汽轮机。

在汽轮机中，蒸汽不断膨胀，高速流动的蒸汽冲动汽轮机的转子，带动发电机发电。在膨胀的过程中，蒸汽的压力和温度不断降低，最后排入凝汽器。

在凝汽器中，汽轮机的排汽被冷却水冷却，凝结成水。

汽水系统中的蒸汽和凝结水总有一些损失，必须不断向系统补充经过化学处理的水或蒸馏水。补给水通常加入除氧器中。别看我们说得这么简单，实际上高参数大容量火电机组的汽水系统（热力系统）要比这复杂得多。

燃烧系统包括锅炉的燃烧部分及输煤、除灰系统等。煤炭由

皮带输送到锅炉房煤斗，进入磨煤机中磨成煤粉，然后和经过预热的空气一起喷入炉内燃烧，烟气经过除尘器后由引风机抽出，最后经烟囱排入大气。炉渣和除尘器下部的细灰通常由灰渣泵排至灰场。

我国的一些大中型燃煤的火电厂，一般采用煤粉炉，它们的生产过程是：将进厂的原煤经碎煤机破碎、磨煤机磨成煤粉，用热风吹送，喷入锅炉炉膛，通过煤粉燃烧生成的高温烟气，首先加热炉膛内的水冷壁管与过热器管，然后经过烟道内的再热器、省煤器和空气预热器而进入除尘器，在清除烟气中的飞灰之后，通过烟囱排入大气。

火电厂生产过程中，各个环节都有能量损失。提高火电厂效率的办法除提高锅炉、汽轮机等设备的制造、运行水平外，主要是提高蒸汽参数和采用中间再热。

然而锅炉设备是利用燃料或其他能源的热能把水加热成为热水或蒸汽的机械设备。锅的原义是指在火上加热的盛水容器，炉是指燃烧燃料的场所，锅炉包括锅和炉两大部分。锅炉中产生的热水或蒸汽可直接为工业生产和人们生活提供所需要的热能，也可通过蒸汽动力装置转换为机械能，或再通过发电机将机械能转换为电能。

提供热水的锅炉称为热水锅炉，主要用于生活，工业生产中也有少量应用。产生蒸汽的锅炉称为蒸汽锅炉，常简称为锅炉，多用于火电站、船舶、机车和工矿企业。锅炉是生产蒸汽的设备。燃料在锅炉内燃烧，将化学能转变为热能，使水变为蒸汽，

火力发电站集控室

通过管道送到汽轮机。

火力发电对环境的影响

从火力、水力和核能发电相比较来说，火电生产对环境污染最大，治理工作最重，可归纳成废水、废气、废渣（以上 3 项俗称三废）、废热、噪声 5 种基本污染形式。污染源有以下几种：

（1）粉尘。它是随烟气进入大气的微小固体污染物，包括材料然烧后的飞灰和未燃烧完全的炭粒，分飘尘和降尘两种，以飘尘的有害影响最大。

治理的方法是采用各式降尘器来消除烟尘。其中以静电除尘器效率最高，可达 9.99%，是今后的发展方向。

（2）二氧化硫。它是燎料中的硫嫩烧后生成的污染物随烟气

排入大气，是形成酸雨的主要物质之一。目前我国火电厂二氧化硫排放基本处于失控状态，将是制约电力发展的重要因素。防治二氧化硫的措施有燃烧前燃料脱硫、燃烧中炉内喷钙或流化床脱硫和燃烧后烟气脱硫。目前可以推广的主要是烟气脱硫。

（3）粉煤灰。它包括燎烧后的煤灰、炉渣和收集的飞灰，是电厂排放量最大的一种固体污染物。粉煤灰目前仍以灰场贮存为主，浪费土地资源，并随其扩散、迁移、积累，污染大气、水和土壤环境。但粉煤灰可用于填充山沟、低洼地、矿井等，上面覆土造田可防治二次污染又可充分利用土地。此外粉煤灰又是一种潜力很大的宝贵资源，可以综合利用如回收有用成分做建筑材料、筑路、做肥料等，用途广泛。20 世纪 50 年代以来，人们努力发展灰渣综合利用，化害为利。如用灰渣制造水泥、砖和混凝土骨料等建筑材料。70 年代起又从粉煤灰中提取空心微珠，作为耐火保温等材料。

（4）冲灰水。排放量大，酸碱度高（>9），浊度、氟离子、砷等超标，这些是冲灰水的主要污染问题冲灰水治理是一个较突出的难题核心集中在解决酸碱度超标、管道结垢、排放量大的问题上。既节水又少污染的冲灰水循环利用是有待完善的发展方向。

（5）热污染。它是指火电厂不采用冷却塔的直接水系统的温排水。这类火电厂热量的 50% 以上是以温排水方式排入水中，使水（或局部）温度升高，会破坏水生物的正常温度环境，影响其生存和繁殖。

巨大的烟囱是火力发电站最醒目的标志

目前，解决热污染的办法是局部采用冷却塔，将循环水冷却到允许的温度再返回接纳水体。

（6）噪声。火电厂大功率旋转设备及高压、高速蒸汽的扩容、排放、泄漏是主要的噪声源，如汽轮机、电动机、磨煤机、风机等。

噪声对人的影响是广泛的。严重的可造成耳聋（听力损失）、耳外伤等。噪声影响人的生理机能，造成神经紧张、失眠、消化不良等；噪声干扰睡眠和正常交谈，降低工作效率，使人烦燥、易怒，甚至影响生物正常生长。

特别是排汽等高频噪声，突发性强，危害更大。噪声防治除采用屏蔽设备、隔离设备，还应重视个人防护。

洁净煤发电技术

火力发电对环境会产生不利影响，那么，有没有办法解决这一问题呢？事实上，多年来人们为"煤电"的可持续发展正进行着不懈的努力，目前主要发展洁净煤发电技术，争取让"煤电"成为真正的绿色电力。

所谓洁净煤发电技术，是为了提高发电机组的效率和控制因燃煤而引起的污染物的排放。清洁煤发电技术是一项先进的电力生产新技术。清洁煤发电技术是把满足供电需求、提高效率、控制环境三位一体进行综合考虑，可使供电效率提高，供电煤耗下降，二氧化碳（CO_2）、二氧化硫（SO_2）的排放量减少，基本上没有粉尘排放。清洁煤发电是一种高效、环境清洁的发电技术。

我国是一个以煤炭为主要能源的国家。我国煤炭占发电能源的比重一直在75%左右。现在发电用煤占煤的生产总量将超过40%。在我国已探明的可开采化石能源地质储量中，煤炭占95.5%，石油占4%，天然气占0.5%。客观的资源状况决定了我国的能源格局仍不得不以煤炭为主。在未来的二三十年内，煤炭在能源结构的比重会有所降低，但主体地位不会根本改变。随着电力生产的发展，煤炭燃烧造成的环境污染也越来越严重，加快发展高效环保的清洁煤发电技术也成为我国煤炭产业和电力工业发展的必然选择和根本出路。

清洁煤技术主要包括两个方面：一是直接烧煤洁净技术。这是在直接烧煤的情况下，需要采用相应的技术措施：①燃烧前的

净化加工技术，主要是洗选、型煤加工和水煤浆技术。②燃烧中的净化燃烧技术，主要是流化床燃烧技术和先进燃烧器技术。③燃烧后的净化处理技术，主要是消烟除尘和脱硫脱氮技术。二是煤转化为洁净燃料技术，主要是煤的气化以及液化技术、煤气化联合循环发电技术和燃煤磁流体发电技术。

第三节　水力发电

水力发电原理与分类

水力发电是一种可再生能源，因为水是通过地球的水循环系统不断地补充。所有水力发电系统需要一个持久而不断流动的水源。它不像太阳能和风能，而是可以全天候 24 小时产生电力。水力发电是运用水的势能和动能转换成电能来发电的方式。以水力发电的工厂称为水力发电厂，简称水电厂，又称水电站。

水力发电是利用河流、湖泊等位于高处具有势能的水流至低处，利用水力（具有水头）推动水力机械（水轮机）转动，将水能转变为机械能，如果在水轮机上接上另一种机械（发电机）随着水轮机转动便可发出电来，这时机械能又转变为电能。

水力发电在某种意义上讲是水的位能转变成机械能，再转变成电能的过程。

水力发电有多种方式，一般可分为河川发电、抽水蓄能发

电、潮汐发电 3 大家族。

河川式电站，又称常规水电站，一般是通过修建拦河坝将河流的水汇集起来，提高上下水位的落差，利用落差形成的水力能量，由引水管路将水流引到水轮机，驱动水轮机旋转，带动与水轮机相联的发电机发出电力。

抽水蓄能电站一般需要修建上、下两个水库，上、下水库之间水位的高度差就是抽水蓄能电站的水头。抽水蓄能电站在电力系统用电负荷高峰期，将上水库所蓄积的水放下来，推动水轮发电机组发电，此时电站机组运行工况称为水轮机工况。当电力系统用电负荷处于低谷时，电站机组采用水泵运行工况，把下水库的水抽到高处的上水库中，将电力系统的剩余电能以水的势能形式储存起来备用。

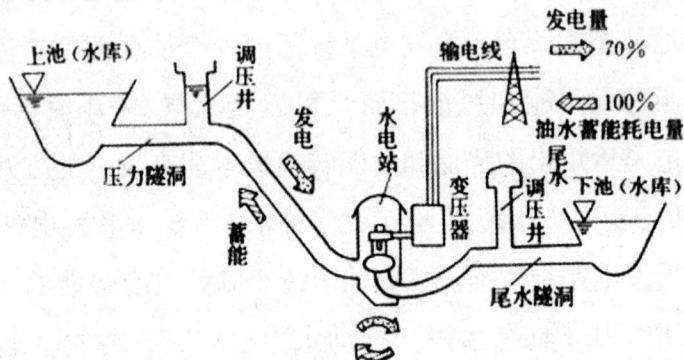

抽水蓄能电站示意图

由于海洋受到月球引力的作用，在一些海滩上会形成潮汐，一会儿水面降得很低，露出海滩，过一段时间，又涨得很高，把海滩全部淹没了，如此往复循环。潮汐电站正是利用在海边潮汐

形成的水位落差来发电的水电站。潮汐电站属于对海洋能的利用，是一种新能源。

除了以上 3 种类型水电站之外，还有利用波浪能、温差能、潮流能和盐度差等发电的水电站。

水力发电特点

水力发电有诸多优势，水能是一种取之不尽、用之不竭、可再生的清洁能源。但为了有效利用天然水能，需要人工修筑能集中水流落差和调节流量的水工建筑物，如大坝、引水管涵等，因此工程投资大、建设周期长，但水力发电效率高，发电成本低，机组启动快，调节容易。由于利用自然水流，受自然条件的影响较大。水力发电往往是综合利用水资源的一个重要组成部分，与航运、养殖、灌溉、防洪和旅游组成水资源综合利用体系。

水力发电是再生能源，除可提供廉价电力外，还有下列之优点：控制洪水泛滥、提供灌溉用水、改善河流航运，有关工程同时改善该地区的交通、电力供应和经济，特别可以发展旅游业及水产养殖。美国田纳西河的综合发展计划，是首个大型的水利工程，带动整体的经济发展。

水力发电也有一些不利方面，如需筑坝移民，基础建设投资大。水坝属战略设施，战时是打击目标。水坝倒塌会严重影响下游安全，等等。

而修建大中型水库过程与建成之后，对环境也会产生一定的影响，主要包括以下几个方面：

自然方面：巨大的水库可能引起地表的活动，甚至诱发地震。此外，还会引起流域水文上的改变，如下游水位降低或来自上游的泥沙减少等。水库建成后，由于蒸发量大，气候凉爽且较稳定，降雨量减少。

生物方面：对陆生动物而言，水库建成后，可能会造成大量的野生动植物被淹没死亡，甚至全部灭绝。对水生动物而言，由于上游生态环境的改变，会使鱼类受到影响，导致灭绝或种群数量减少。同时，由于上游水域面积的扩大，使某些生物（如钉螺）的栖息地点增加，为一些地区性疾病（如血吸虫病）的蔓延创造了条件。

物理化学性质方面：流入和流出水库的水在颜色和气味等物理化学性质方面发生改变，而且水库中各层水的密度、温度、甚至溶解氧等有所不同。深层水的水温低，而且沉积库底的有机物不能充分氧化而处于厌氧分解，水体的二氧化碳含量明显增加。

社会经济方面：修建水库可以防洪、发电，也可以改善水的供应和管理，增加农田灌溉，但同时亦有不利之处。如受淹地区城市搬迁、农村移民安置会对社会结构、地区经济发展等产生影响。如果整体、全局计划不周，社会生产和人民生活安排不当，还会引起一系列的社会问题。另外，自然景观和文物古迹的淹没与破坏，更是文化和经济上的一大损失，应当事先制定保护规划和落实保护措施。

世界水电发展现状

人类利用建坝挡水、建造水利工程已有几千年的历史。从中

国的都江堰引水灌溉到古罗马的城市供水系统，通过修渠建坝成功的控制洪水和利用水利资源已经成为人类几千年文明史的重要组成部分。工业化以后，特别是发明电以后，利用水力发电造福人类，更是一度成为人类文明进步的象征。

1878 年法国建成世界第一座水电站。美洲第一座水电站建于美国威斯康星州阿普尔顿的福克斯河上，由 1 台水车带动 2 台直流发电机组成，装机容量 25 千瓦，于 1882 年 9 月 30 日发电。欧洲第一座商业性水电站是意大利的特沃利水电站，于 1885 年建成，装机 65 千瓦。19 世纪 90 年代起，水力发电在北美、欧洲许多国家受到重视，利用山区湍急河流、跌水、瀑布等优良地形位置修建了一批数十至数千千瓦的水电站。1895 年在美国与加拿大边境的尼亚加拉瀑布处建造了一座大型水轮机驱动的 3750 千瓦水电站。

进入 20 世纪以后，由于长距离输电技术的发展，使边远地区的水力资源逐步得到开发利用，并向城市及用电中心供电。到 20 世纪初，建筑大型水坝成了经济发展和社会进步的同义词，仅以美国 20 世纪三四十年代建成的不少重要水坝和水电站纷纷以总统的名字命名的举动，就不难看出当时的国际社会对大型水坝的仰慕和对能够建成水电站的自豪心情。由于建坝被视为是现代化和人类控制、利用自然资源能力的象征，水坝建设风起云涌，到 20 世纪 70 年代达到顶峰时，全世界几乎每天都有二三座新建的水坝交付使用。根据有关组织的统计，至 20 世纪末，世界上有 24 个国家的 90% 电力来自水电，有 1/3 的国家的水电比重超过 50%。

以总统名字命名的美国胡佛大坝

2002 年底，全世界已经修建了 49700 多座大坝（高于 15 米或库容大于 100 立方米），分布在 140 多个国家，其中中国的大坝有 25000 多座。世界上有 24 个国家依靠水电为其提供 90% 以上的能源，如巴西、挪威等国；有 55 个国家依靠水电为其提供 50% 以上的能源，包括加拿大、瑞士、瑞典等国；有 62 个国家依靠水电为其提供 40% 以上的能源，包括南美的大部分国家。全世界大坝的发电量占所有发电量总和的 19%，水电总装机容量为 728.49 吉瓦。发达国家水电的平均开发度已在 60% 以上，其中美国水电资源已开发约 82%，日本约 84%，加拿大约 65%，德国约 73%，法国、挪威、瑞士也均在 80% 以上。

中国是世界上水力资源最丰富的国家，可开发量约为 3.78

美国葛兰峡谷大坝

亿千瓦。中国大陆第一座水电站为建于云南省螳螂川上的石龙坝水电站，始建于1910年7月，1912年发电，当时装机480千瓦，以后又分期改建、扩建，最终达6000千瓦。1949年中华人民共和国成立前，全国建成和部分建成水电站共42座。

　　新中国成立后，我国的水电得到了很好的发展。水电建设者于20世纪50年代末60年代初就自行设计、自行施工、自行制造成功建设成了我国第一座大型水电站——新安江水电站。之后，虽然也经历了不少的曲折，我国的水电仍然得到了一定的发展，到1978年年底，全国水电装机容量达到了1728万千瓦。

　　我国于1978年年末实行改革开放30年来，随着国家经济社会的快速发展和改革的不断深入，我国的水电发展顺利地先后较

好地解决了技术、资金、市场和体制等制约问题，以超过每 10 年翻一番的速度发展，取得了令世人瞩目的成就，从 2004 年起我国水电装机容量就一直居世界第一，截至 2008 年底，中国水电装机容量达到 1.72 亿千瓦。

知识链接

三峡电站

中华人民共和国成立后，由于长江上游频发洪水，屡屡威胁武汉等长江中游城市的安全，一些人提出修建三峡工程。毛泽东 1953 年初视察三峡时曾说："三峡水利枢纽是需要修建而且可能修建的"，"但最后下决心确定修建及何时开始修建，要待各个重要方面的准备工作基本完成之后，才能作出决定。"

文化大革命结束后，三峡工程被再次提上议事日程。1992 年 4 月 3 日议案获得通过，标志着三峡工程正式进入建设期。

三峡大坝为混凝土重力坝，它坝长 2335 米，底部宽 115 米，顶部宽 40 米，高度海拔 185 米，正常蓄水位 175 米。大坝下游的水位约 66 米。大坝坝体可抵御万年一遇的特大洪水，最大下泄流量可达每秒钟 10 万立方米。整个工程的土石方挖填量约 1.34 亿立方米，混凝土浇筑量约 2800 万立方米，耗用钢材 59.3 万吨。水库全长 600 余千米，水面平均宽度 1.1 千米，总面积 1084 平方千米，总库容 393 亿立方米，其中调洪库容约 220 亿立方米，调节能力为季调节型，规模十分宏大。

　　三峡水电站的机组布置在大坝的后侧，共安装32台70万千瓦水轮发电机组，其中左岸14台，右岸12台，地下6台，另外还有2台5万千瓦的电源机组，总装机容量2250万千瓦，远远超过位居世界第二的巴西伊泰普水电站。1994年12月14日，各方在三峡坝址举行了开工典礼，宣告三峡工程正式开工。

三峡电站

　　2006年5月20日三峡大坝主体部分完工。2008年10月29日，右岸15号机组投产发电，是三峡水电站右岸电厂最后一台发电的机组。至此，三峡水电站26台机组全部投产发电。

第四节　核能发电

　　火力发电站利用煤、石油和天然气发电，水力发电站利用水

力发电，而核电站是利用原子核内部蕴藏的能量产生电能的新型发电站。核电站大体可分为两部分：一部分是利用核能生产蒸汽的核岛、包括反应堆装置和一回路系统；另一部分是利用蒸汽发电的常规岛，包括汽轮发电机系统。

核电站用的燃料是铀。铀是一种很重的金属。用铀制成的核燃料在一种叫"反应堆"的设备内发生裂变而产生大量热能，再用处于高压力下的水把热能带出，在蒸汽发生器内产生蒸汽，蒸汽推动气轮机带着发电机一起旋转，电就源源不断地产生出来，并通过电网送到四面八方。这就是最普通的压水反应堆核电站的工作原理。

核能发电的历史与动力堆的发展历史密切相关。动力堆的发展最初是出于军事需要。1954 年，前苏联建成世界上第一座装机容量为 5 兆瓦（电）的核电站。英、美等国也相继建成各种类型的核电站。到 1960 年，有 5 个国家建成 20 座核电站，装机容量 1279 兆瓦（电）。由于核浓缩技术的发展，到 1966 年，核能发电的成本已低于火力发电的成本。核能发电真正迈入实用阶段。

1978 年全世界 22 个国家和地区正在运行的 30 兆瓦（电）以上的核电站反应堆已达 200 多座，总装机容量已达 107776 兆瓦（电）。20 世纪 80 年代因化石能源短缺日益突出，核能发电的进展更快。到 1991 年，全世界近 30 个国家和地区建成的核电机组为 423 套，总容量为 3.275 亿千瓦，其发电量占全世界总发电量的约 16%。

从世界范围看，上世纪 70 年代和 80 年代初是核电的高速发

展期，鼎盛时期平均每 17 天就会有一座新核电站投入运行。但 1979 年的美国三里岛核电站事故和 1986 年的苏联切尔诺贝利核电站事故后，全球核电发展迅速降温。三里岛事故以后，美国 30 多年没有兴建一座新的核电站。

近年核电复兴已经拉开帷幕，核电复兴有 3 大助力：全球能源需求迅速增长，人们关注全球变暖问题（核电是没有温室气体排放的清洁能源），以及技术发展提高了核电安全性。目前中国投入运行的核电装机不足 1000 万千瓦，但到 2020 年，中国核电运行装机容量计划达到 4000 万千瓦，占全部发电装机的 4%。美国将推动新建 10 座核电站，创造约 3000 个建设岗位和 850 个永久性就业岗位。据国际原子能机构预计，到 2030 年，全球运行核电站将可能在目前 400 多座的基础上增加约 300 座。

我国核电工业走过了一条从无到有、从弱到强的发展之路。改革开放初期，我国做出了自主设计、建造秦山 30 万千瓦压水堆核电站和引进建设大亚湾 100 万千瓦压水堆核电站的战略决策。继 1991 年秦山核电站和 1994 年大亚湾核电站建成投运后，我国又先后建设了秦山二期、岭澳、秦山三期和田湾核电站，形成浙江秦山、广东大亚湾和江苏田湾 3 个核电基地。目前我国已经投运的核电机组 11 台，总装机容量 910 万千瓦。2008 年，核电占全国电力装机总容量的 1.3%，核电年发电量 683.94 亿千瓦时，占全国总发电量的 2% 左右。

核能发电优点

从人类能源需求的前景来看，发展核能是必由之路，这是因为核能有其无法取代的优点。主要表现在以下几方面：

首先，核能是地球上储量最丰富的能源，又是高度浓缩的能源。地球上已探明的核裂变燃料按其所含能量计量，相当于化石燃料的 20 倍。只要及早开发利用，即有能力替代和后继化石燃料。1000 克铀释放的能量相当于 2400 吨标准煤释放的能量；一座 100 万千瓦的大型烧煤电站，每年需原煤 300～400 万吨，运这些煤需要 2760 列火车，相当于每天 8 列火车，还要运走 4000 万吨灰渣。同功率的压水堆核电站，一年仅耗铀含量为 3% 的低浓缩铀燃料 28 吨；每 1 磅铀的成本，约为 20 美元，换算成 1 千瓦发电经费是 0.001 美元左右，这和目前的传统发电成本比较，便宜许多；而且，由于核燃料的运输量小，所以核电站就可建在最需要的工业区附近。

更进一步说，地球上还存在大量的聚变核燃料氘。1 吨氘聚变产生的能量相当于 1 吨标准煤。自然界每吨海水或河水中均含有 3 克氘，所以，将来聚变反应堆成功后，人类将不再为能源问题所困扰。

其次，核电是较清洁的能源，有利于保护环境。火电站不断地向大气里排放二氧化硫和氧化氮等有害物质，同时煤里的少量铀、钛和镭等放射性物质，也会随着烟尘飘落到火电站的周围，污染环境。而核电站设置了层层屏障，基本上不排放污染环境的物质，就是放射性污染也比烧煤电站少得多。核电站严格按照国际上公认的安全规范和卫生规范设计，对放射性三废进行严格的回收处理。核电站运行经验证明，每发 1000 亿度电，放射性排

放总剂量平均为 1.2 希，而烧煤的火力发电站每发 1000 亿度电的灰渣中放射性物质总剂量约为久 5 希。可见即使仅从放射性排放角度看，核电也比火电小。据统计，核电站正常运行的时候，一年给居民带来的放射性影响，还不到一次 X 光透视所受的剂量。

第三，核电的经济性优于火电。虽然核电厂建造费用较高，一般要比火电厂高出 30% ~ 50%，但燃料费则比火电厂低得多。火电厂的燃料费约占发电成本的 40% ~ 60%，而核电厂的燃料货则只占 20% ~ 30%。总的算起来，核电厂的发电成本要比火电厂低 15% ~ 50%。

最后，以核燃料代替煤和石油，有利于资源的合理利用。煤和石油都是化学工业的宝贵原料，作为化工原料使用要比仅作燃料的利用价值高得多。

总之，核能的优点终将为人们所公认。它的利用是解决能源问题的必由之路。

知识链接

秦山核电站

秦山核电站是我国自行设计、建造和运营管理的第一座 30 万千瓦压水堆核电站，地处浙江省海盐县秦山山麓北杭州湾之畔，距上海市和杭州市的公里数分别为 126 千米和 92 千米。秦山核电站工程建设自 1985 年 3 月 20 日开工，1991 年 12 月 15 日并网发电。秦山核电站的建成发电，结束了中国大陆无核电的历史，使我国成为继美、英、法、前苏联、加拿大、瑞典之后世界上第7个能够自行设计、建造核电站的国家。

秦山核电站总投资17亿多元，由核能、热工、机械、控制、水力、电气等170多个系统组成，共有大小设备3万多台件，阀门2万多只，电缆长达1000多千米。设计过程完成的科技成果有1400项之多，其中获得国家和省部级奖励的成果就有102项。

秦山核电站于1994年4月投入商业运行，1995年7月顺利通过国家验收。秦山核电站在自2002～2005年的第6、7、8个燃料循环内，分别连续满功率运行331天、443天和448天，连续3次刷新国内核电站运行的最好纪录。作为原型堆能够达到此记录在国际上也是罕见的。秦山核电站投入运行以来，安全稳定运行业绩良好，截止2005年12月15日，累计发电260亿千瓦时，取得了良好的经济效益和社会效益，同时为秦山二、三期的建设提供了建设滚动资金。

继秦山核电站30万压水堆核电机组之后，1996年6月2日，我国首座国产化商用核电站秦山二期核电工程开工，2004年5月10日1时15分，2台65万千瓦压水堆核电机组全面建成投产。1998年6月8日，我国首座商用重水堆核电站秦山三期核电工程开工，2003年10月23日，2台70万千瓦重水堆核电机组全面建成投产。上述工程使秦山核电基地成为我国最重要的核电基地之一。

秦山核电站

核废物处理

核能发电也有一些不能忽视的缺点，在生产和使用中是需要相当注意。例如，为核裂变链式反应提供必要的条件，使之得以进行。链式反应必须能由人通过一定装置进行控制。失去控制的裂变能不仅不能用于发电，还会酿成灾害。裂变反应产生的能量要能从反应堆中安全取出。裂变反应中产生的中子和放射性物质对人体危害很大，必须设法避免它们对核电站工作人员和附近居民的伤害。

核能发电目前面临的一个重大难题是核废物的处理，核废物的存放是举世瞩目的难题。核能电厂会产生高低阶放射性废料，或者是使用过的核燃料。核废物进入环境后会造成水、大气、土壤的污染，并通过各种途径进入人体，当放射性辐射超过一定水平，就能杀死生物体的细胞，妨碍正常细胞分裂和再生，引起细胞内遗传信息的突变。研究表明，母亲在怀孕初期腹部受过 X 光照射，她们生下的孩子与母亲不受 X 光照射的孩子相比，死于白血病的概率要大 50%。受放射性污染的人在数年或数十年后，可能出现癌症、白内障、失明、生长迟缓、生育力降低等远期效应，还可能出现胎儿畸形、流产、死产等遗传效应。

目前常见的高放射性核废物，是采用地质深埋的方法。常见的矿山式处置库，位于 300～1500 米深处。若深部钻孔，如在花岗岩石中凿一个地下处置库，则要建在几千米深处。库的结构包括天然屏障和工程屏障，以防止废物中的放射性核素从包装物中泄漏，但很难保证在长达上百万年中包装材料不被腐蚀、地层不变动。

美国 1986 年准备把人烟稀少的尤卡山作为核废物存放点，当时科学家推测附近 20 千米处的一座火山在 27 万年前爆发过，到了 1990 年科学家把火山爆发距今的时间缩短为 2 万年，这使得该火山可能在核废物变得无害前恢复活动。美国科学家尼古拉斯·伦曾说："应记住，在不到 1 万年以前，曾在今天的法国中部爆发过火山，在 7 千年前英吉利海峡还不存在，5 千年前撒哈拉的大部分地区还是肥壤沃土。只有千里眼才能为 20 世纪的核废物选择一个不受干扰的永久性的贮存场所。"

世界各地核电站每年产生约 1 万立方米核废物，存放低放射性（半衰期小于 30 年）的核废物不用深埋，地表下几十米即可，

但也得层层设防。法国1996年建成第一座大型陆地核废料储存库，外形如一个小山丘，由140万吨砂岩、片岩、黄沙和泥土组成，第一层是植被，第二层是硬石层，第三层是沙子，第四层是防水沥青膜，第五层是排水层，第六层是覆盖在装有核废物的铁桶上的硬土石层。

今后要大力发展核电，必须从战略、战术上重视和减少放射性废物，加强核废物的处置。

核电站事故

除了核废物处理是个难题外，人们还担心核电站发生事故。世界上的核电厂有两起起严重的事故对核电发展产生了重大影响。

一起发生在1979年美国三里岛压水堆核电站，3月28日凌晨4时，美国宾夕法尼亚州的三里岛核电站第2组反应堆的操作室里，红灯闪亮，汽笛报警，涡轮机停转，堆心压力和温度骤然升高，2小时后，大量放射性物质溢出。6天以后，堆心温度才开始下降，蒸气泡消失——引起氢爆炸的威胁免除了。100吨铀燃料虽然没有熔化，但有60%的铀棒受到损坏，反应堆最终陷于瘫痪。

事故虽然造成严重的堆芯损坏，但环境污染物释放不多，也没有造成人员伤亡。

事故发生后，全美震惊，核电站附近的居民惊恐不安，约20万人撤出这一地区。美国各大城市的群众和正在修建核电站的地

区的居民纷纷举行集会示威，要求停建或关闭核电站。美国和西欧一些国家政府不得不重新检查发展核动力计划。

三里岛核电站2号反应堆发生的放射性物质外泄事故是美国历史上最为严重的核电站事故，尽管此次事故并没有造成人员伤亡。

第二起发生在1986年，前苏联切尔诺贝利核电厂的轻水冷却石墨漫化堆型上（该堆型仅在前苏联境内使用的），造成人员伤亡和严重的环境影响。切尔诺贝利核事故是一起发生在前苏联乌克兰切尔诺贝利核能电厂的核子反应炉事故，被认为是历史上最严重的核子电厂事故。

1986年4月26日的凌晨1点23分，乌克兰普里皮亚季邻近的切尔诺贝利电厂，第4号反应炉发生了爆炸。后续的爆炸引发了大火并散发出大量高辐射物质到大气层中，涵盖了大面积区

域。这次灾难所释放出的辐射线剂量是投在广岛的原子弹的 400 倍以上。

核辐射尘污染过的云层飘往众多地区，包括原前苏联西部的部分地区、西欧、东欧、斯堪地那维亚半岛、不列颠群岛和北美东部部分地区。此外，乌克兰、白俄罗斯及俄罗斯境内均遭受到严重的核污染，超过 336000 名的居民被迫撤离。

这个灾难总共损失大概美金 2 千亿元，这使得切尔诺贝利灾难在近代历史中成为最"昂贵"的灾难事件。

20 年后重返切尔诺贝利，救援人员当年佩戴的防化面罩还留在附近区域。

由国际原子能总署和世界卫生组织所主导的切尔诺贝利论坛在 2005 年所提出的切尔诺贝利事件报告中，56 人的死亡被归咎于此事件（47 名救灾人员，9 名罹患甲状腺癌的儿童），并估算在高度辐射线物质下暴露的大约 60 万人中，会有将近额外有 4000 人将死于癌症。此数据包括已诊断出的 4000 名儿童甲状腺

癌会造成的死亡。绿色和平组织所估计的总伤亡人数是 93000 人。事故也造成全球对核能发电的疑虑，世界上许多其他的核电站建造计划就此停顿。

20年后重返切尔诺贝利，电站附近电影院已无观众入场，只剩下排排斑驳的座位。

从这两起事故中，人们获得了许多经验和教训。切尔诺贝利事故表明，前苏联使用的这种石墨反应堆设计有缺点，它没有安全壳装置，允许异常运行条件下功率的迅速提升，且发生冷却水断流后未导致立即自动停堆，而对于其他堆型来说，这种自动停堆是一项起码的安全要求。最重要的是，和三里岛事故极小的可以忽略的影响相比，切尔诺贝利事故的环境后果证实了三重防护屏障对于防止环境放射性释放的重要性。

目前全世界已在合作，努力改进所有运行中的切尔诺贝利型核电机组的安全性，包括仪表与设备的现代化。预计今后不会再建造这种类型的核电机组。除去这些前苏联设计的机组之外，全

世界其余 420 座核电机组反应堆一回路系统部件外都有结构安全壳。

2004 年 8 月 9 日，日本中部福井县美滨核电站 3 号反应堆 9 日发生蒸气泄漏事故，导致 4 人死亡，7 人受伤，是日本有史以来伤亡最惨重的核电站事故。虽然核辐射物质没有泄漏，但这次核电站事故在日本国内造成巨大冲击。

位于日本福井县的美滨核电站

事故调查表明，此次日本美滨核电站事故原因是由于安全检查体制出现漏洞，工作人员玩忽职守，致使管道年久失修，超过安全期限而造成的。

事后有关专家认为，此次事故反映出的问题是老化核反应堆安全不容忽视。以日本为例，日本全国共有 52 个用于发电的核反应堆，其中 1/3 以上运转超过 25 年，这次发生事故的核反应堆就是 1976 年投入使用的。人们普遍认为核反应堆的寿命为 30

~40 年，因此老反应堆设备老化问题是不容忽视的。这次泄漏蒸汽的配水管道本来管壁厚度为 1 厘米，经过长年的腐蚀出现破洞。事故发生后检查发现，破洞周围的管壁厚度仅有 1.4 毫米。按照日本国内标准，厚度小于 4.7 毫米必须更换。

这起事故向人们警示出，尽管在目前技术条件上，核电站不再可能发生切尔诺贝利那样的重大事故，但安全问题不可忽视。核电站的安全措施要层层把关，纵深设防，防止一切人为事故。

知识链接

核聚变发电

物质无论是分裂或合成，都会产生能量。由两个氢原子合为一个氦原子，就叫核聚变，太阳就是依此而释放出巨大的能量。太阳的中心时刻进行着核聚变反应，它把巨大的能量释放到宇宙空间，温暖着地球上的万物生长。假如在地球上模拟太阳的核聚变，能否为人类提供更清洁、便宜而强大的电能呢？这个设想早就有人提出，并为之进行着不懈的努力，这就是核聚变发电。

与太阳能、水能、风能、地热能等"清洁"能源相比，核聚变能不受时间和地域的限制，更重要的是，它是一种取之不尽的能源。科学家估计，在 21 世纪中叶，核聚变发电的梦想就将变成现实，人们期望它成为解决未来能源问题的一个重要手段。

大家熟悉的原子弹则是用裂变原理造成的，目前的核电站也是利用核裂变而发电。

核裂变虽然能产生巨大的能量，但远远比不上核聚变，裂变堆的核燃料蕴藏极为有限，不仅产生强大的辐射，伤害人体，而且遗害千年的废料也很难处理，核聚变的辐射则少得多，核聚变的燃料可以说是取之不尽、用之不竭。

核聚变的产生需要原子作做速运动，以使它们的原子核汇聚在一起。在恒星的内部，这种核聚变在时时刻刻地进行着。巨大的热能和引力把恒星中的氢这类较轻的原子核挤压在一起，使它们变成较重的原子——氦。在这个过程中，物质释放出巨大的能量。然而在地球上，由于缺少等同于太阳上得到的强大的引力，科学家必须制造出极高的温度，在那样的高温下，原子核会飞快地旋转，以至于它们在撞在一起时，能克服固有的排斥力而发生熔合。问题的关键是如何达到和维持产生核聚变所需的高温——摄氏 1 亿度，比太阳核心还要热的温度。不过，经过数十年的研究，科学家认为目标最终必能达到。

目前英国科学家计划在英国兴建世界首座核聚变发电站，并表示有望在 20 年内投产。

第三章　电的输送与储存

　　发电厂生产出来电，如何送到广大的城市和农村，进入千家万户呢？

　　关于电能的输送方式，是采用直流输电还是交流输电，在历史上曾引起过很大的争论。美国发明家爱迪生极力主张采用直流输电，爱迪生认为交流电危险不如直流电安全。他还打比方说沿街道敷设交流电缆简直等于埋下地雷。并且邀请人们和新闻记者观看用高压交流电击死野狗、野猫的实验。

　　而另一些人主张采用交流输电，因为电能在输电线路中会损失，为了减少损失只能提高电压。在发电站将电压升高到用户地区再把电压降下来，这样就能在低损耗的情况下达到远距离送电的目的。而要改变电压只有采用交流输电才行。事实成功地证实了高压交流输电的优越性，并在全世界范围内迅速推广。

　　本章向你介绍的就是交流电的输送过程，以及对电的储存——电池，需要注意的是，电池是一种直流电源。

第一节 变电站

　　发电厂是生产电能的工厂，发电厂将热能、水能、核能、风能等各种一次能源或可再生能源，通过发电设备转换为电能，经过升压变电所（也叫变电站），变成高压电，由输电线路传送至目的地，再由降压变电所将电压降低到规定的等级，然后送到千家万户。

变压器

　　变电站的主要设备就是变压器。变压器是一种电能转换装置，它以相同的频率，但往往是不同的电压和电流把能量从一个或多个电路转换到另一个或多个电路中去，它由一个软铁片叠成

的铁芯和围绕着铁芯的绝缘铜线或铝线绕组所组成。电力系统中，在向远方传输电力时，为了减少线路上的电能损失和增加输送容量，需要升高电压；为了满足用户用电的要求，又需要降低电压，这就需要能改变电压的变压器。

变电站是电力供应的设施之一，在从发电厂长途输送电力时需要提高电压以减少传输时耗损，到用户端供电线路之前必须降低电压，再由变压器降为用户所需的电压。

变电站

按用途可分为电力变电所和牵引变电所（电气铁路和电车用）。电力变电所又分为输电变电所、配电变电所和变频所。这些变电所按电压等级可分为中压变电所（60千伏及以下）、高压变电所（110~220千伏）、超高压变电所（330~765千伏）和特高压变电所（1000千伏及以上）。按其在电力系统中的地位可

分为枢纽变电所、中间变电所和终端变电所。

变电站还装有防雷设备，主要有避雷针和避雷器避雷针是为了防止变电站遭受直接雷击将雷电对其自身放电把雷电流引入大地。在变电站附近的线路上落雷时雷电波会沿导线进入变电站，产生过电压。另外，断路器操作等也会引起过电压。避雷器的作用是当过电压超过一定限值时，自动对地放电降低电压保护设备放电后又迅速自动灭弧，保证系统正常运行。目前，使用最多的是氧化锌避雷器。

变电站与电磁辐射

交流输变电设施产生的工频电场和工频磁场属于极低频场，是通过电磁感应对周围环境产生影响的。工频电场和工频磁场的频率只有 50 赫兹，波长很长，达 6000 千米，而输电线路本身由于其长度一般远小于这个波长，因此不能构成有效的电磁辐射。同时，工频电场和工频磁场彼此又是互相独立的，有别于高频电磁场。高频电磁场的电场和磁场是交替产生向前传播而形成电磁能量的辐射。在国际权威机构的文件中，交流输变电设施产生的电场和磁场被明确称为工频电场和工频磁场，而不称电磁辐射。

变电站内部设备产生的电场、磁场强度在几米之内快速衰减。至今我国和其他国家一样没有对变电站与民宅的距离作出限制性规定，国际上也没有国家对变电站墙界与民宅的距离作出限制性规定，建变电站与民宅保持一定距离主要是出于电气安全、消防安全和景观需要。

专家表示，变电站在满足国家标准的条件下是安全无害的，其对环境的影响是可以接受的。

高压电不可能直接供给居民，城市里面就必然要建设变电站，由此产生的工频磁场的强度也会有所增加，但是这种增量是很少的。有的报道笼统地说"电磁辐射是无形杀手"，这是不准确的。电场在几万伏/米以上是杀手，在4千伏/米以下这种说法就不合适。国际上WTO等权威机构通过长期研究，有过权威结论，认为没有一致的证据表明，暴露在我们生活环境中所经历的工频电场、工频磁场中，会对生物的分子引起直接的伤害。迄今为止进行的动物实验结果提示，工频电场和工频磁场并不始发或促进癌症。

其实，生活中的电磁辐射并不可怕，电与磁也不是人造的新鲜产物，而是自然存在的，闪电和磁石也能产生电磁辐射。成千上万年以来，人类就一直生活在电磁场环境中，其中，作为电磁波的光还与人类的生命息息相关，给人类进步带来了巨大的推动力，应当说人类的生活离不开电磁波。当今社会科学技术突飞猛进，信息瞬息万变，电磁波无所不在，它给我们的生活带来了无限便利，对于输变电设施及其电磁辐射，我们应该科学认知，正确对待，合理利用，和谐相处，完全没有必要过分担忧，让电力为我们的生活增添更多的光彩。

明白了这点，我们就知道了为什么变电站要建在居民区，而不建在偏僻的郊区。

由于人们生活水平提高，用电负荷越来越高，为了保障老百

姓的电力供应,电力部门必须新建或扩建变电站。而随着城市半径的不断扩大,过去通常把变电站建在郊区、远离城市的做法也已经不可行了,因为远距离供电不仅会影响电压质量,而且供电可靠性低、供电成本大大增加。对此,专家用了一个形象的比喻,社区的居民多了,公交公司就会在附近设置公交车站,商业部门就会设置超市,否则难以满足此处居民的需求。同样,城市用电量大幅增加,新建的变电站只有进入居民区,才能把电力输送到附近的居民家中,满足居民的用电需求。

如果采用在城郊外围建站以低电压等级线路供电入城区的方式,不仅将导致极低的电能质量使电器无法启动,同时线路的走廊挤占了宝贵的城市地下空间资源,使其他公用设施如水和电信等管线无法入城,而且为实现这种方式供电,必然要消耗极高的建设成本并最终形成昂贵的电价使社会的用电成本负担加重。因此,当今国内外大中型城市发展到一定阶段时,都无一例外地采用了在城市中心负荷密集区,建设满足城市规划和环保要求的高电压等级供电设施的办法。

国内的大型城市在建国初期,基本都使用在外围建设 110 千伏变电站,以 10 千伏线路向城市中心供电的模式,城市中心区没有变电站。到上世纪 80 年代初期,经过反复论证,许多大城市均开始在城中心区建设 110 千伏变电站,如上海 1982 年建成的江宁变电站;而到了 20 世纪 80 年代末 90 年代初期,上海、北京等负荷高度密集的城市中心区,已开始在城市中心居民密集区建设 220 千伏变电站,如上海瑞金路的瑞金站、华山路的华山

站等；北京市广渠门路的广渠门站及阜成路的八里庄站等。所以在城市中心电力负荷密集区建设变电站是经济发展和人民生活水平提高的需要，是大势所趋。

第二节 电 网

输电与配电

各种类型的发电厂发出的电力通过输电和配电才能将其送给电力用户使用。

输电指的是从发电厂或发电中心向消费电能地区输送大量电力的主干渠道或不同电网之间互送电力的联络渠道，配电则是消费电能地区内将电力分配至用户的分配手段，直接为用户服务。配电可以是将电力分配到城市、郊区、乡镇和农村，也可以是分配和供给农业、工业、商业、居民住宅以及特殊需要的用电。

输电是用变压器将发电机发出的电能升压后，再经断路器等控制设备接入输电线路来实现。

按结构形式，输电线路分为架空输电线路和地下线路。架空输电线路由线路杆塔、导线、绝缘子等构成，架设在地面之上。地下线路主要是使用电缆，敷设在地下（或水域下）。架空线路架设及维修比较方便，成本也较低，但容易受到气象和环境（如大风、雷击、污秽等）的影响而引起故障，同时还有占用土地面

积，造成电磁干扰等缺点。地下线路没有上述架空线路的缺点，但造价高，发现故障及检修维护等均不方便。用架空线路输电是最主要的方式。地下线路多用于架空线路架设困难的地区，如城市或特殊跨越地段的输电。

高压线

按照输送电流的性质，输电分为交流输电和直流输电，19 世纪 80 年代首先成功地实现了直流输电。但由于直流输电的电压在当时技术条件下难于继续提高，以致输电能力和效益受到限制。19 世纪末，直流输电逐步为交流输电所代替。交流输电的成功，迎来了 20 世纪电气化社会的新时代。目前广泛应用三相交

流输电，频率为50赫（或60赫）。20世纪60年代以来直流输电
又有新发展，与交流输电相配合，组成交直流混合的电力系统。

输电电压的高低是输电技术发展水平的主要标志。到20世
纪90年代，世界各国常用输电电压有220千伏及以下的高压输
电330~765千伏的超高压输电，1000千伏及以上的特高压输电。

电网

由发电、输电、变电、配电、用电设备及相应的辅助系统组
成的电能生产、输送、分配、使用的统一整体称为电力系统。

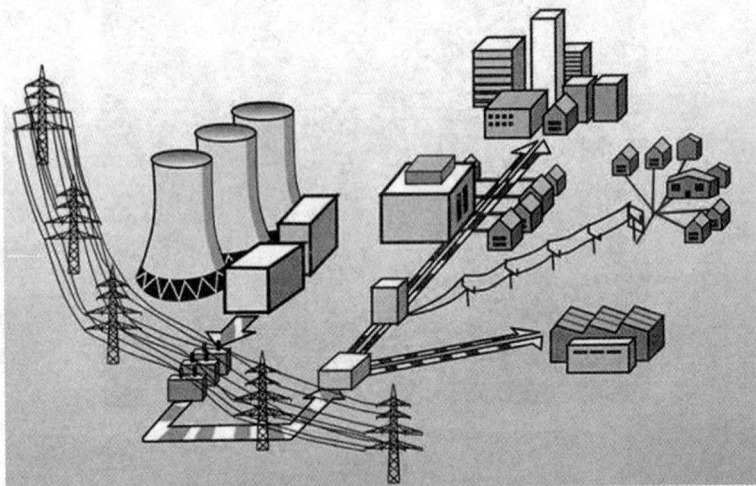

电力系统图

由输电、变电、配电设备及相应的辅助系统组成的联系发电
与用电的统一整体称为电网。

电网是电力系统的一部分。它包括所有的变、配电所的电气
设备以及各种不同电压等级的线路组成的统一整体。它的作用是

将电能转送和分配给各用电单位。电能的生产是产、供、销同时发生，同时完成，既不能中断又不能储存。电力系统是一个由发、供、用三者联合组成的一个整体。其中任意一个环节配合不好，都不能保证电力系统的安全、经济运行。

对于电网的未来发展方向，人们提出了"智能电网"这一概念。

智能电网，即在发电、输电、配电、用电等环节应用大量的新技术，最终实现电用的优化配置以及节能减排。

智能电网是能源革命与 IT 产业的深度革命结合的产物，其本质是电网的智能化、信息化、互动化；它将成为电网现代化的发展方向和全球下一代电网的基本模式。2008 年美国科罗拉多州的波尔得成为全美第一个智能电网城市，每户家庭都安装智能电表，人们可以很直观地了解每个时刻的电价，从而把一些要使用大功率电器的事情如洗、烫衣服，用电暖气等安排在电价低的时间段。

智能电网的目标是实现电网运行的可靠、安全、经济、高效、环境友好和使用安全，电网能够实现这些目标，就可以称其为智能电网。更加可靠——智能电网不管用户在何时何地，都能提供可靠的电力供应；更加安全——智能电网能够经受物理的和网络的攻击而不会出现大面积停电或者不会付出高昂的恢复费用；更加经济——智能电网运行在供求平衡的基本规律之下，价格公平且供应充足；更加高效——智能电网利用投资，控制成本，减少电力输送和分配的损耗，电力生产和资产利用更加高

效；更加环境友好——智能电网通过在发电、输电、配电、储能和消费过程中的创新来减少对环境的影响；更加安全的——智能电网必须不能伤害到公众或电网工人，也就是对电力的使用必须是安全的。美国的智能电网定义有 7 大特性：自愈、互动、安全、提供适应 21 世纪需求的电能质量、适应所有的电源种类和电能储存方式、可市场化交易、优化电网资产提高运营效率。

近年来，智能电网在全球范围内受到高度关注，美国、欧洲等国家先后把智能电网建设上升为国家战略高度，成为国家重点投资领域。中国也在 2009 年年中提出建设统一坚强智能电网的战略规划，目标是建成具有信息化、自动化、互动化特征的国家电网。

欧洲还开始进行一种整合各种可再生能源的"超级电网"计划，这个电网的建设意味着，当其中一种能源短缺时，另一种能源能补充其不足，以确保供电的连续性。2010 年 1 月，计划已有一定进展，已经签署协议的国家有：德国、法国、比利时、荷兰、卢森堡、丹麦、瑞典、爱尔兰和英国。上述国家希望这个超级电网能在今后 10 年内投入使用。

这个"超级电网"将通过绵延数千英里的海底电缆来整合英国多风海岸的风力发电场、丹麦及比利时的潮汐发电、挪威的峡湾水力发电潜能和德国大规模的太阳能设施。

目前，欧洲正在开发的几个海上风力发电项目约 1000 亿瓦特，可满足欧盟 10% 的电力需求。但是现有电网没有能力充分利用这种潜能。欧洲的电网大都建造在大城市附近的大型火力发电

厂或核电站周围。而风能和其他可再生能源的最佳开采地往往在其他地区——所以现有的电网需要扩大和更新，以便把可再生能源出现地区的电力输送出来。

知识链接

《中华人民共和国电力法》输电线路安全相关规定

为了保障和促进电力事业的发展，维护电力投资者、经营者和使用者的合法权益，保障电力安全运行，1995年12月28日第八届全国人民代表大会常务委员会第十七次会议通过了《中华人民共和国电力法》。

其中第五十三条明确规定：任何单位和个人不得在依法规定的电力设施保护区内修建可能危及电力设施安全的建筑物、构筑物，不得种植可能危及电力设施安全的植物，不得堆放可能危及电力设施安全的物品。

第六十九条规定：违反本法第五十三条规定，在依法划定的电力设施保护区内修建建筑物、构筑物或种植植物、堆放物品，危及电力设施安全的，由当地人民政府责令强制拆除、砍伐或者清除。

1987年9月15日国务院发布的《电力设施保护条例》对电力线路保护区也做了说明。其中第十条规定：导线边线向外侧水平延伸并垂直于地面所形成的两平行面内的区域，在一般地区各级电压导线的边线延伸距离如下：1～10千伏为5米；35～110

千伏为 10 米；154～330 千伏为 15 米；500 千伏为 20 米。

第十五条规定：任何单位或个人在架空电力线路保护区内，必须遵守下列规定：（一）不得堆放谷物、草料、垃圾、矿渣、易燃物、易爆物及其他影响安全供电的物品；（二）不得烧窑、烧荒；（三）不得兴建建筑物、构筑物；（四）不得种植可能造成危及电力设施安全的植物。

第三节　电线电缆

电线电缆是指用于电力、电气及相关传输用途的材料。

目前采用的送电线路有两种，一种是电力电缆，它采用特殊加工制造而成的电缆线，埋没于地下或敷设在电缆隧道中；另一种是最常见的架空线路，它一般使用无绝缘的裸导线，通过立于地面的杆塔作为支持物，将导线用绝缘子悬架于杆塔上。

由于电缆价格较贵，目前大部分配电线路、绝大部分高压输电线路和全部超高压及特高压精电线路都采用架空线路。

电力电缆一般由导线、绝缘层和保护层组成，有单芯、双芯和三芯。电缆高压架空线路一般由导线、绝缘子、金具、杆-所示塔及其基础、避雷线、接地装置和防振锤等构成。

高压架空线路具有一定的宽度，线路以下的地面面积再向两侧延伸一定的距离所占有的范围称为线路走廊。走廊内不允许有高大建筑及高大植物出现。在国外，占有线路走廊要付出相当可

观的费用，如美国线路走廊的占地费用要占线路建设总投资的12%。

"电线"和"电缆"并没有严格的界限。通常将芯数少、产品直径小、结构简单的产品称为电线，没有绝缘的称为裸电线，其他的称为电缆；导体截面积较大的（大于6平方毫米）称为大电缆，较小的（小于或等于6平方毫米）称为小电线又称为布电线。

家用电线的外表的绝缘层多用塑料和橡胶制成，使用时间长了就会老化，失去绝缘作用。一般家用电线正常情况使用可达10～20年。

电线失去绝缘性能是很危险的，如果两根电线碰在一起或火线碰到与大地相接的东西，就会发生跑电现象，使局部电线的温度升高，产生火花。如果电线附近有易燃物就容易引起着火，造成火灾。使用到一定年限的电线的绝缘情况要经常查看，特别在梅雨季节到来之前要认真检查，发现老化变质要及时更换。

橡胶、塑料接触高温后，非常容易老化。所以，在高温场所不宜用橡胶线、塑料线，要在导线外面加瓷套管；在潮湿、有酸性气体的地方，电线也应装在套管里。

知识链接

家用电线电缆选购常识

为保障家庭安全用电，消费者在选购、使用电线时应注意下列事项：

一、电线表面标志

根据国家标准规定，电线表面应有制造厂名、产品型号和额定电压的连续标志。这有利于在电线使用过程中发生问题时能及时找到制造厂，消费者在选购电线时务必注意这一点。

同时消费者在选购电线时应注意合格证上标明的制造厂名、产品型号、额定电压与电线表面的印刷标志是否一致，防止冒牌产品。

二、电线外观

消费者在选购电线时应注意电线的外观应光滑平整，绝缘和护套层无损坏，标志印字清晰，手摸电线时无油腻感。从电线的横截面看，电线的整个圆周上绝缘或护套的厚度应均匀，不应偏芯，绝缘或护套应有一定的厚度。

三、导体线径

消费者在选购电线时应注意导体线径是否与合格证上明示的截面相符，若导体截面偏小，容易使电线发热引起短路。建议家庭照明线路用电线采用1.5平方毫米及以上规格；空调、微波炉等用功率较大的家用电器应采用2.5平方毫米及以上规格的电线。

四、规范使用

应规范布线，固定线路最好采用BV单芯线穿管子，注意在布线时不要碰坏电线，在房间装潢时不要碰坏电线；在一路线里中间不要接头；电线接入电器箱（盒）时不要碰线；另外用电量较大的家用电器如空调等应单独一路电线供电；弱电、强电用的电线最好保持一定距离。

第四节　储电技术

工厂里和居民家里使用的电，通常是交流电，它由发电厂经过高低压电力输变电线网络，由当地的供电部门输送给各种电压等级的用户。这种交流电不能储存，发电和用电是在同一时间内完成的。

目前，常规的储能发电方法，在水电站方面是抽水储能，即通过白天水库放水发电，支援用电高峰，晚上到用电谷期，用电网富余的电力，经过电动机拖动水泵，把落到下游的水抽到上游的水库里去，以增加第二天的发电量。这种抽水蓄能电站系统必须配备上、下游两个水库，中间转换环节多，综合效率并不理想。

对于燃气轮机发电厂，则采用压缩空气储能，主要利用电网负荷低谷时的剩余电力压缩空气，将空气高压密封在报废矿井、沉降的海底储气罐、山洞、过期油气井或新建储气井中，在电网负荷高峰期释放压缩的空气推动汽轮机发电。

压缩空气储能优点在于其燃料消耗可以比调峰用燃气轮机组减少1/3，所消耗的燃气要比常规燃气轮机少40%，建设投资和发电成本低于抽水蓄能电站，安全系数高，寿命长；缺点是其能量密度低，并受岩层等地形条件的限制。

这种储电技术2009年被美国列入未来10大技术，德、美等

国有示范电站投入运营，如 1978 年德国亨托夫投运的 290 兆瓦的压缩空气蓄能电站，美国电力研究协会研发的 220 兆瓦的压缩空气蓄能电站。总体而言，目前尚处于产业化初期，技术及经济性有待观察。

目前颇受重视的是超导储能技术，利用电力电子技术研发新型电能储存装置，把晚间的交流电整流为直流电，储存到蓄电池和大电容器的并联组合装置中，当白天需要用电时，再利用新型电能储存装置，把夜里储存起来的直流电再逆变为可用的交流电，返还电网使用。这样的系统，转换效率自然比较高。

美国等世界先进工业国在 20 世纪 90 年代就开始重点研究开发超导线圈储能的可行性并取得一定的技术突破。超导线圈可以在超导温度下流过极高电流密度的大电流而不消耗电能，晚间把电网中的交流电转换成低电压大电流的直流电送进储能超导线圈，白天又把超导线圈中的直流大电流转换成普通交流电供给电网。这种储能方式在美国、日本、欧洲一些国家的电力系统已得到初步应用，在维持电网稳定、提高输电能力和用户电能质量等方面开始发挥作用。

第五节 电 池

电池的发明

在日常生活中，人们通常把电储存在电池中，为生活带来许

图为 25kJ 超导储能用磁体

多方便，电池中的电是直流电。

在古代，人类有可能已经不断地在研究和测试"电"这种东西了。一个被认为有数千年历史的黏土瓶于 1932 年在伊拉克的巴格达附近被发现。它有一根插在铜制圆筒里的铁条——可能是用来储存静电用的，然而瓶子的秘密可能永远无法被揭晓。

电池的诞生，基于人们对于获得持续而稳定电流的需要，不过，电池的发明，竟来源于一次青蛙解剖实验所产生的灵感。

1780 年的一天，意大利解剖学家伽伐尼在解剖青蛙时，两手分别拿着不同的金属器械，无意中同时碰在青蛙的大腿上，青蛙腿部的肌肉立刻抽搐了一下，仿佛受到电流的刺激，而如果只用

一种金属器械去触动青蛙，就没有这种反应。伽伐尼选择不同的日子、不同的时辰，用各种不同的金属多次重复，总是得到相同的结果，只是在使用某些金属时，收缩更强烈而已。

后来他又用各种不同的物体来做这个实验，但用诸如玻璃、橡胶、松香、石头和干木头代替金属，都不出现这个现象。

意大利解剖学家伽伐尼

伽伐尼认为，这个现象是因为动物躯体内部产生的一种电，他称为"生物电"。

伽伐尼的实验使许多科学家感到惊奇。意大利物理学家伏特在 1792～1796 年重复伽伐尼的实验时发现，只要有两种不同金属互相接触，中间隔以湿的硬纸、皮革或其他海绵状的东西，不管有没有蛙腿，都没有电流产生，从而否定了动物电的观点。伏特认识到蛙腿收缩只是放电过程的一种表现，两种不同金属的接

触才是电流现象的真正原因。

根据各种金属接触的实验结果，伏特列出了锌－铅－锡－铁－铜银－金的次序，这就是著名的伏特序列。其中两种金属相接触时，位于序列前面的都带正电，后面的带负电。

1800年伏特用锌片与铜片夹以盐水浸湿的纸片叠成电堆产生了电流，这个装置后来称为"伏特电"，他还把锌片和铜片放在盛有盐水或稀酸的杯中，把许多这样的小杯子中联起来，组成电池。他指出这种电池"具有取之不尽，用之不完的电"，"不预先充电也能给出电击"。

伏特电堆（电池）的发明，提供了产生恒定电流的电源——化学电源，使人们有可能从各个方面研究电流的各种效应。从此，电学进入了一个飞速发展的时期——电流和电磁效应的新时期。

直到现在，我们用的干电池就是经过改良后的伏特电池。干电池中用氯化铵的糊状物代替了盐水，用石墨棒代替了铜板作为电池的正极，而外壳仍然用锌皮作为电池的负极。

人们为了纪念他们的功绩，就把这种电池称为伽伐尼电池或伏特电池，并把电压的单位用"伏特"来命名。

一直到1887年，英国人赫勒森发明了最早的干电池。干电池的电解液为糊状，不会溢漏，便于携带，因此获得了广泛应用。

兴旺的电池家族

如今，干电池已经发展成为一个庞大的家族，种类达100多种。常见的有普通锌–锰干电池、碱性锌–锰干电池、镁–锰干电池等，不过，最早发明的碳锌电池依然是现代干电池中产量最大的电池。在干电池技术的不断发展过程中，新的问题又出现了。人们发现，干电池尽管使用方便、价格低廉，但用完即废，无法重新利用。另外，由于以金属为原料容易造成原材料浪费，废弃电池还会造成环境污染，于是，能够经过多次充电放电循环、反复使用的蓄电池成为新的方向。

碱性干电池

蓄电池的最早发明同样可以追溯到1860年。当年，法国人普朗泰发明出用铅做电极的电池。这种电池的独特之处是当电池使用一段时间电压下降时，可以给它通以反向电流，使电池电压回升。因为这种电池能充电，并可反复使用，所以称它为蓄电池。

1890年，爱迪生发明可充电的铁镍电池，1910年可充电的铁镍电池商业化生产。如今，充电电池的种类越来越丰富，形式也越来越多样，从最早的铅蓄电池、铅晶蓄电池，到铁镍蓄电池

铅酸蓄电池

以及银锌蓄电池，发展到铅酸蓄电池、太阳能电池以及锂电池等等。与此同时，蓄电池的应用领域越来越广，电容越来越大，性能越来越稳定，充电越来越便捷。

现在最引人关注的电池当属锂电池。锂是所有金属里最轻的，比水还轻，而且特别活泼，需要保存在石蜡里。实际上，当初爱迪生就曾经发明过锂电池，但是由于锂金属的化学特性非常活泼，使得锂金属的加工、保存、使用对环境要求非常高，所以锂电池长期没有得到应用。现在，由于锂电池具有能量重量比高、电压高、自放电小、可长时间存放等优点，所以它在近30年中取得了巨大发展。我们用的计算机、计算器、照相机、手表中的电池都是锂电池。

除了锂离子电池，还有一种电池很有前途，就是燃料电池，它是一种将存在于燃料与氧化剂中的化学能直接转化为电能的发电装置。燃料和空气分别送进燃料电池，电就被奇妙地生产出来。其中最实用的是使用氢或含富氢的气体燃料的燃料电池。

电池已经诞生了 200 多年，现在仍然在前进。无论是过去还是现在，电池的目标都没有改变：随时随地让人享受电能的巨大恩惠。

废旧电池的污染

目前，废旧电池潜在的污染已引起社会各界的广泛关注。我国是世界上头号干电池生产和消费大国，有资料表明，我国目前有 1400 多家电池生产企业，1980 年干电池的生产量已超过美国而跃居世界第一。1998 年我国干电池的生产量达到 140 亿只，而同年世界干电池的总产量约为 300 亿只。

如此庞大的电池数量，使得一个极大的问题暴露出来，那就是如何处理废旧电池的污染问题。据调查，废旧电池内含有大量的重金属以及废酸、废碱等电解质溶液。如果随意丢弃，腐败的电池会破坏水源，侵蚀庄稼和土地，我们的生存环境面临着巨大的威胁。

废旧电池对环境的污染主要来自电池中的汞和镉等化学元素，这些是电池生产过程中的添加剂。如果一节一号电池在地里腐烂，它的有毒物质能使 1 平方米的土地失去使用价值；扔一粒纽扣电池进水里，它其中所含的有毒物质会造成 60 万升水体的污染，相当于一个人一生的用水量；废旧电池中含有重金属镉、铅、汞、镍、锌、锰等，其中镉、铅、汞是对人体危害较大的物质。而镍、锌等金属虽然在一定浓度范围内是有益物质，但在环

境中超过极限，也将对人体造成危害。

　　废旧电池渗出的重金属会造成江、河、湖、海等水体的污染，危及水生物的生存和水资源的利用，间接威胁人类的健康。废酸、废碱等电解质溶液可能污染土地，使土地酸化和盐碱化，这就如同埋在我们身边的一颗定时炸弹。有人算了一笔帐以全国每年生产 100 亿只电池计算，全年消耗 15.6 万吨锌、22.6 万吨二氧化锰、2080 吨铜、2.7 万吨氯化锌、7.9 万吨氯化铵、4.3 万吨碳棒。

　　我国的电池污染现象不容乐观。目前我国的大部分废旧电池混入生活垃圾被一并埋入地下，久而久之，经过转化使电池腐烂，重金属溶出，既可能污染地下水体，又可能污染土壤，最终通过各种途径进入人的食物链。生物从环境中摄取的重金属经过食物链的生物放大作用，逐级在较高级的生物中成千上万倍地富集，然后经过食物链进入人的身体，在某些器官中积蓄造成慢性中毒。

　　据环保专家介绍，在废电池中每回收 1000 克金属，其中就有 82 克汞、88 克镉，可以说，回收处置废电池不仅处理了污染源，而且也实现了资源的回收再利用。国外发达国家对废电池的回收与利用极为重视。西欧许多国家不仅在商店，而且直接在大街上都设有专门的废电池回收箱，废电池中 95% 的物质均可以回收，尤其是重金属回收价值很高。如国外再生铅业发展迅速，现有铅生产量的 55% 均来自于再生铅。而再生铅业中，废铅蓄电池的再生处理占据了很大比例。100 千克废铅蓄电池可以回收 50 ~

60 千克铅。对于含镉废电池的再生处理，国外已有较成熟的技术，处理 100 千克含镉废电池可回收 20 千克左右的金属镉，对于含汞电池则主要采用环境无害化处理手段防止其污染环境。而我国目前在这方面的管理相当薄弱。

电池回收箱进社区

近年来，回收废旧电池送交有关机构集中处理一直被作为环保行动大力提倡，但是收集来的废旧电池如何处理却成为难题。北京、上海、石家庄等城市的回收机构都集中了 100 吨以上的废旧电池，而现有技术无法对这些废旧电池进行处理，所以有人认为，解决废旧电池污染问题的根本方法是实现一次性电池生产的无汞化。

知识链接

如何处理家中废旧电池

近几年干电池生产工艺已发生了根本性改变，干电池污染危害程度已大大降低，人们使用的绝大多数干电池已是低汞、低铅甚至无汞、无铅。相反，将废旧干电池大量集中起来，还会给处理带来"麻烦"。

废旧电池分为有危险废物和一般废物两种。废旧电池中的一次性电池，如我们平时用的 5 号、7 号等碱性电池，属一般废物，可同普通废物一起处理。而汞电池、铅酸电池、镍镉电池等属有危险废物，要集中处理。

根据国家有关规定，目前市场允许销售的一次性碱性电池基本上是无汞和低汞电池，因此在目前缺乏有效回收的技术经济条件下，国家已不鼓励集中收集废旧一次性碱性电池。普通的一次性 5 号、7 号干电池将可以和其他生活垃圾一起被直接扔进垃圾筒。

国家 2003 年发布的《废电池污染防治技术政策》中已明确指出，废电池的收集重点是废弃的可充电电池和扣式一次电池，不鼓励集中收集已达到国家低汞或无汞要求的废旧一次性电池。废旧电池最好不要集中放在家里，应把家里的电池分一下类，属一般废物的可随垃圾处理掉，属有危险的可送到当地环保部门的危险废物处置中心。

第四章　电与生活

电与生活之间有着很密切的关系，家家户户都有电器，人们每一天都离不开电。

电灯用来照明；电冰箱用来储藏食物、保鲜食物；洗衣机用来洗衣服，可以减轻劳动强度，提高工作效率；电视机告诉人们世界上正在发生的大事，同时还播放娱乐节目让人们过得开心；电脑可以上互联网；电饭锅可以用来煮饭，减轻人们负担；回家晚了把饭菜从电冰箱里拿出来，放在微波炉里加热一下，马上就可以吃。冬天用电热毯取暖，夏天用空调和电风扇降温……

没有电的日子几乎不可想象！

本章选择性地介绍了一些有代表性的电器，让大家进一步体会电在生活中的应用。不过，人们对电的应用还处于不断发展中，以电为能源，可以不断创造出崭新的产品来丰富人们的生活，所以也向大家介绍了类似电动汽车、电纸书等新的应用。

第一节　电　灯

电灯是我们熟知的东西，千家万户，每个人都在使用它；生活和学习，每天都离不开它，不过，它出现在人们生活中不过100多年历史。

1879年10月21日，一位美国发明家通过长期的反复试验，终于点燃了世界上第一盏有实用价值的电灯。从此，这位发明家的名字，就像他发明的电灯一样，走入了千家万户。他就是被后人赞誉为"发明大王"的爱迪生。

1847年2月11日，爱迪生诞生于美国俄亥俄州的米兰镇，从小便沉迷于科学实验之中，经过自己孜孜不倦地自学和实验，16岁那年，便发明了每小时拍发一个信号的自动电报机。后来，又接连发明了自动数票机、第一架实用打字机、二重与四重电报机、自动电话机和留声机等。有了这些发明成果的爱迪生并不满足，1878年9月，爱迪生决定向电力照明这个堡垒发起进攻。他翻阅了大量的有关电力照明的书籍，决心制造出价钱便宜、经久耐用，而且安全方便的电灯。

他把一小截耐热的东西装在玻璃泡里，当电流把它烧到白热化的程度时，便由热而发光。对于耐燃材料，他首先想到炭，于是就把一小截炭丝装进玻璃泡里，刚一通电马上就断裂了。

"这是什么原因呢？"爱迪生拿起断成两段的炭丝，再看看玻

爱迪生发明电灯

璃泡，过了许久，才忽然想起，"噢，也许因为这里面有空气，空气中的氧又帮助炭丝燃烧，致使它马上断掉！"于是他用自己手制的抽气机，尽可能地把玻璃泡里的空气抽掉。一通电，果然没有马上熄掉。但8分钟后，灯还是灭了。

爱迪生终于发现：真空状态对白炽灯非常重要，关键是炭丝，问题的症结就在这里。

那么应选择什么样的耐热材料好呢？

爱迪生左思右想，熔点最高、耐热性较强要算白金，于是，爱迪生和他的助手们，用白金试了好几次，可这种熔点较高的白金，虽然使电灯发光时间延长了好多，但不时要自动熄掉再自动发光，仍然很不理想。

　　爱迪生并不气馁，继续着自己的试验工作。他先后试用了钡、钛、铟等各种稀有金属，效果都不很理想。

　　过了一段时间，爱迪生对前边的实验工作做了一个总结，把自己所能想到的各种耐热材料全部写下来，总共有 1600 种之多。

　　接下来，他与助手们将这 1600 种耐热材料分门别类地开始试验，可试来试去，还是采用白金最为合适。由于改进了抽气方法，使玻璃泡内的真空程度更高，灯的寿命已延长到 2 个小时。但这种由白金为材料做成的灯，价格太昂贵了，谁愿意花这么多钱去买只能用 2 个小时的电灯呢？

　　实验工作陷入了低谷，爱迪生非常苦恼，一个寒冷的冬天，爱迪生在炉火旁闲坐，看着炽烈的炭火，口中不禁自言自语道："炭、炭……。"

　　可用木炭做的炭条已经试过，该怎么办呢？爱迪生感到浑身燥热，顺手把脖子上的围巾扯下，看到这用棉纱织成的围脖，爱迪生脑海突然萌发了一个念头：对！棉纱的纤维比木材的好，能不能用这种材料？

　　他急忙从围巾上扯下一根棉纱，在炉火上烤了好长时间，棉纱变成了焦焦的炭。他小心地把这根炭丝装进玻璃泡里，一试验，效果果然很好。

　　爱迪生非常高兴，紧接又制造很多棉纱做成的炭丝，连续进行了多次试验。灯泡的寿命一下子延长 13 个小时，后来又达到45 小时。

　　这个消息一传开，轰动了整个世界。它也使英国伦敦的煤气股票价格狂跌，煤气行也出现一片混乱。人们预感到，点燃煤气灯即将成为历史，未来将是电光的时代。

大家纷纷向爱迪生祝贺，可爱迪生却无丝毫高兴的样子，摇头说道："不行，还得找其他材料！"

"怎么，亮了45个小时还不行？"助手吃惊地问道。"不行！我希望它能亮1000个小时，最好是16000个小时！"爱迪生答道。

大家知道，亮1000多个小时固然很好，可去找什么材料合适呢？

爱迪生这时心中已有数。他根据棉纱的性质，决定从植物纤维这方面去寻找新的材料。

于是，马拉松式的试验又开始了。凡是植物方面的材料，只要能找到，爱迪生都做了试验，甚至连马的鬃、人的头发和胡子都拿来当灯丝试验。最后，爱迪生选择竹这种植物。他在试验之前，先取出一片竹子，用显微镜一看，高兴得跳了起来。于是，把炭化后的竹丝装进玻璃泡，通上电后，这种竹丝灯泡竟连续不断地亮了1200个小时！

这下，爱迪生终于松了口气，助手们纷纷向他祝贺，可他又认真地说道："世界各地有很多竹子，其结构不尽相同，我们应认真挑选一下！"

助手深为爱迪生精益求精的科学态度所感动，纷纷自告奋勇到各地去考察。经过比较，在日本出产的一种竹子最为合适，便大量从日本进口这种竹子。与此同时，爱迪生又开设电厂，架设

电线。过了不久，美国人民便用上这种价廉物美，经久耐用的竹丝灯泡。

竹丝灯用了好多年。直到 1906 年，爱迪生又改用钨丝来做，使灯泡的质量又得到提高，一直沿用到今天。

当人们点亮电灯时，每每会想到这位伟大的发明家，是他，给黑暗带来无穷无尽的光明。1979 年，美国花费了几百万美元，举行长达 1 年之久的纪念活动，来纪念爱迪生发明电灯 100 周年。

在中国，第一盏电灯出现在 1879 年 5 月 28 日，当时上海公共租界工部局电气工程师毕晓浦在境内乍浦路一幢仓库里，以 10 马力蒸汽机为动力，带动自激式直流发电机发电，点燃碳极弧光灯，由此宣告电灯在中国开始投入使用。

知识链接

节能灯

节能灯主要是针对白炽灯来讲。普通的白炽灯光效大约在每瓦 10 流明，寿命大约在 1000 小时，它的工作原理是：当灯接入电路中，电流流过灯丝，电流的热效应使白炽灯发出连续的可见光和红外线，由于工作时的灯丝温度很高，大部分的能量以红外辐射的形式浪费掉了，由于灯丝温度很高，蒸发也很快，所以寿命也大缩短了，大约在 1000 小时。

节能灯又叫紧凑型荧光灯，它是 1978 年由国外厂家首先发

明的，由于它具有光效高（是普通灯泡的 5 倍）、节能效果明显、寿命长（是普通灯泡的 8 倍）、体积小、使用方便等优点，受到各国重视和欢迎。节能灯与白炽灯相比，可以节电 70%～80%，我国已经把它作为国家重点发展的节能产品进行推广和使用。

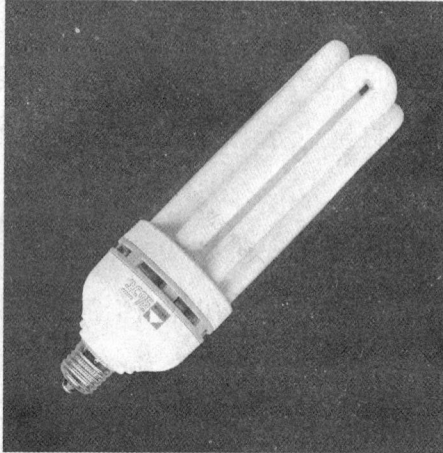

节能灯

节能灯的原理是让灯丝发出电子，电子射向水银蒸气，蒸气打在荧光粉上，最终发出可见光。由于荧光灯工作时灯丝的温度在 1160 开左右，比白炽灯工作的温度 2200 开～2700 开低很多，所以它的寿命也大提高，达到 5000 小时以上，由于它不存在白炽灯那样的电流热效应，荧光粉的能量转换效率也很高，达到每瓦 50 流明以上。

第二节　电视机

电视的诞生，是 20 世纪人类最伟大的发明之一。在现代社会里，没有电视的生活已不可想象了。

对于电视的想象首先来自俄裔德国科学家保尔·尼普可夫，还在中学时代，他就对电器非常感兴趣。当时正是有线电技术迅猛发展时期。电灯和有轨电车取代了古老的油灯、蜡烛和马车，电话已出现并得到了普及，海底电缆联通了欧洲和美洲，这一切给人们的日常生活带来了极大的方便。他开始设想能否用电把图像传送到远方呢？经过艰苦的努力，他发现，如果把影像分成单个像点，就极有可能把人或景物的影像传送到远方。

不久，一台叫作"电视望远镜"的仪器问世了。这是一种光电机械扫描圆盘，它看上去笨头笨脑的，但极富独创性。1884 年 11 月 6 日，尼普可夫把他的这项发明申报给柏林皇家专利局。在他的专利申请书的第一页这样写道："这里所述的仪器能使处于 A 地的物体，在任何一个 B 地被看到。" 1 年后，专利被批准了。

这是世界电视史上的第一个专利。专利中描述了电视工作的 3 个基本要素：①把图像分解成像素，逐个传输。②像素的传输逐行进行。③用画面传送运动过程时，许多画面快速逐一出现，在眼中这个过程融合为一。这是以后所有电视技术发展的基础原理，甚至今天的电视仍然是按照这些基本原则工作的。

1900 年，在巴黎举行的世界博览会上第一次使用了电视这个词。可是最简单最原始的机械电视，是在许多年以后才出现的。

1904 年，英国人贝尔威尔和德国人柯隆发明了一次电传一张照片的电视技术，每传一张照片需要 10 分钟。1924 年，英国和德国科学家几乎同时运用机械扫描方式成功地传出了静止图像。但有线机械电视传播的距离和范围非常有限，图像也相当粗糙。

1923 年，俄裔美国科学家兹沃里金申请到光电显像管、电视发射器及电视接收器的专利，他首次采用全面性的"电子电视"发收系统，成为现代电视技术的先驱。电子技术在电视上的应用，使电视开始走出实验室，进入公众生活之中。

最早的电视

这时英国电器工程师约翰·洛吉·贝尔德对电视的研究也进入关键时刻，1925 年 10 月 2 日清晨，当贝尔德再一次发动起房

间里的机器时，随着马达转速的增加，他终于从另一个房间的映像接收机里，清晰地收到了比尔——一个表演用的玩偶的脸。人们现在通常把这张脸的出现当作电视诞生的标志。贝尔德也被当作是"电视之父"。

不过，贝尔德的电视系统是机械系统，1936年贝尔德遇到了强有力的竞争对手——电气和乐器工业公司发明了全电子系统的电视。经过一段时间的比较，专家于1937年2月得出结论：贝尔德的机械扫描系统不如电气和乐器工业公司的全电子系统好。

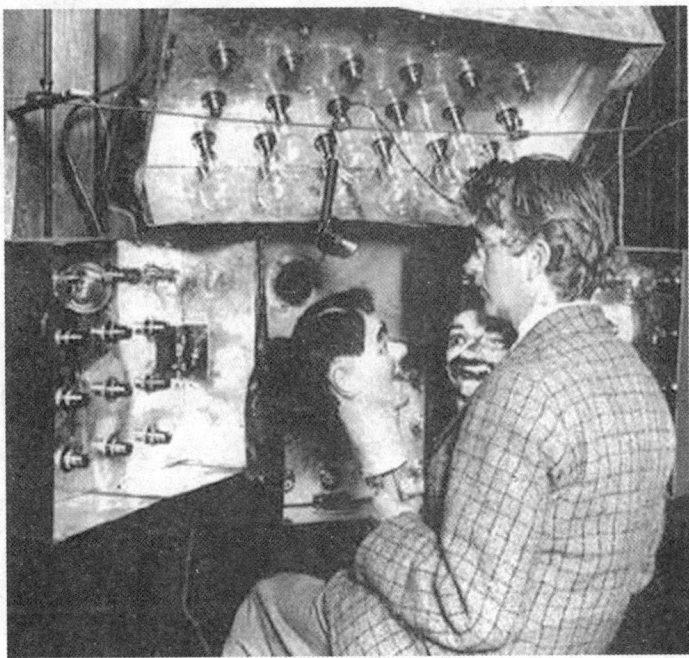

贝尔德

1928年，美国纽约31家广播电台进行了世界上第一次电视广播试验，播出第一套电视片《Felix The Cat》。由于显像管技术尚未完全过关，整个试验只持续了 30 分钟，收看的电视机也只有 10 多台，此举宣告了作为社会公共事业的电视艺术的问世，是电视发展史上划时代的事件。

1929 年美国科学家伊夫斯在纽约和华盛顿之间播送 50 行的彩色电视图像，发明了彩色电视机。1933 年兹沃里金又研制成功可供电视摄像用的摄像管和显像管，完成了使电视摄像与显像完全电子化的过程。至此，现代电视系统基本成型。今天电视摄影机和电视接收的成像原理与器具，就是根据他的发明改进而来。

到了 1939 年，英国大约有 2 万个家庭拥有电视机，美国无线电公司的电视也在纽约世博览会上首次露面，开始了第一次固定的电视节目演播，吸引了成千上万个好奇的观众。二战的爆发使得刚刚发展起来的电视事业几乎停滞了 10 年。战争结束以后，电视工业又蓬勃发展起来，电视也迅速流行起来。1946 年，英国广播公司恢复了固定电视节目，美国政府也解除了禁止制造新电视的禁令。一时间，电视工业犹如插上了翅膀，飞速发展起来。

在美国，1949～1951 年，短短 3 年来，不仅电视节目已在全国普遍播出，电视机的数目也从 1 百万台跃升为 1 千多万台，成立了数百家电视台。一些幽默剧、轻歌舞、卡通片、娱乐节目和好莱坞电影常常在电视中播出。千变万化的电视节目的出现，在公众中引起了强烈反响。在不长的时间里，公众就抛弃了其他的娱乐方式，闭门不出，如醉如痴地坐在起居室的电视机前，同小小的荧屏中展示的一切同悲共喜。电视愈来愈成为人们生活中必不可少的了。从此，人类开始步入了电视时代。

老式电视机

电视的发明深刻地改变了人们的生活，它不但使人们的休闲时间得到前所未有的充实，更重要的是它加大了信息传播范围和信息量，使世界开始变小。如今，电视已成为普及率最高的家用电器之一，而电视新闻、电视娱乐、电视广告、电视教育等已形成了巨大的产业。

知识链接

久看电视危害健康

美国人习惯形容久坐电视前边看边吃零食的人，像是种在沙发里的一颗土豆，不仅导致体重增加，还容易患上高血压和关节炎。实际上，看电视的危害远不止这些。

澳大利亚一项研究发现，在电视机前每度过 1 小时，可能使死于癌症的风险增加 9%，死于心血管疾病的风险增加 18%。研究人员对 8800 名有看电视习惯的成年人进行了 6 年追踪调查，发现每天看电视 4 小时的人患心脏病死亡的风险，比每天看电视

不到 2 小时的人要高 80%。南京市疾控中心为期 3 年的调查也得出结论：看电视时间越长，患糖尿病的风险越大。

其次，电视让人不快乐。有人靠看电视打发无聊，有人太沉迷于电视而忽视身边的亲友，危及人际关系；也有人为了逃避某种坏情绪、害怕面对问题用看电视宣泄。然而，在电视关掉后，微醉的催眠状态解除，原有的困扰重现，人更容易厌倦、不满、暴躁、没有活力，甚至无法专注精神。美国马里兰大学科学家的一项调查指出，看电视越多的人越不快乐，社交活动频繁的人则更幸福。瑞士科学家也发现，每天看电视少于 1.5 小时的人，比其他人的生活满意度更高。

电视还可能成为空气污染源。电视机内的阻燃物在高温时会发生裂变，产生高浓度溴化二恶英和其他溴系有毒物质。尤其是电视机内积聚的灰尘，在看电视时会不断向外扩散，危害人体健康。所以，看电视最好每隔 1 小时通风 10 分钟，以降低室内二恶英浓度；看完电视后要用温水清洗裸露的皮肤；日常除注意电视机的外部保洁外，也可用小型吸尘器对散热孔做简单除尘。

第三节　空　调

空调是一种用于给房间提供处理空气的机组。它的功能是对该房间内空气的温度、湿度、洁净度和空气流速等参数进行调节，以满足人体舒适或工艺过程的要求。

空调器的制冷系统由蒸发器、压缩机、冷凝器和毛细管 4 个主要部件组成。按照制冷循环工作的顺序，依次用管道连接成一个整体。系统工作时，蒸发器内的制冷剂吸收室内空气的热量而蒸发成为压力和温度均较低的蒸气，被压缩机吸入并压缩后，制冷剂的压力和温度均升高，然后排入冷凝器。制冷剂蒸气在冷凝器内通过放热给室外空气而冷凝成为压力较高的液体。制冷剂液体通过毛细管的节流，压力和温度均降低，再进入蒸发器蒸发，如此周而复始地循环工作，从而达到降低室内温度的目的。

1902 年，首个现代化、电力推动的空气调节系统由韦利士·夏维兰·加利亚发明。最初的空调、电冰箱使用氨、氯甲烷之类的有毒气体。这类气体泄露后会酿成重大事故。1928 年开始使用氟利昂，这种制冷剂对人类安全得多，但是对大气臭氧层有害。20 世纪 80 年代后期，氟利昂的生产达到了高峰，产量达到了144 万吨。在对氟利昂实行控制之前，全世界向大气中排放的氟利昂已达到了 2000 万吨。由于它们在大气中的平均寿命达数百年，所以排放的大部分仍留在大气层中，其中大部分仍然停留在对流层，一小部分升入平流层。在对流层相当稳定的氟利昂，在上升进入平流层后，在一定的气象条件下，会在强烈紫外线的作用下被分解，分解释放出的氯原子同臭氧会发生连锁反应，不断破坏臭氧分子。科学家估计一个氯原子可以破坏数万个臭氧分子。目前地球上已出现很多臭氧层漏洞，有些漏洞已超过非洲面积，其中很大的原因是因为氟利昂的化学物质。

随着各国意识到氟利昂的污染问题，各个政府出台了很多政

空调扇

策限制氟利昂的使用，有的已经宣布这种产品的禁用，我国已在2007 年 7 月 1 日宣布空调生产禁止使用氟利昂制冷，淘汰使用氟利昂，这对保护大气层的臭氧层，温室效应起到很好的作用。

知识链接

空调节电方法

夏季居民用电量大，多因空调的使用，空调省电可以说是家电节电的一个重要手段，专家提出，在用电高峰，如果把空调在习惯温度的基础上调高 1℃，可节约 10% 的电力负荷；使用空调的睡眠功能可以节电 20%。如果一座 300 个房间的宾馆空调温度

调高1℃，将解决几十户人家的用电问题。

空调的睡眠功能可以起到节能20%的效果。

科学实验证明，人体感觉舒适的室内温度，夏季在24℃～28℃，冬季在18℃～22℃。而在空气相对湿度50%、温度25℃时，人体感觉是最舒适的。以下方法可以参考。

第一招：不要一味地贪图空调的低温，空调温度设定适当即可，因为空调在制冷时，比设定温度高2℃就可节电20%。专家表示，对于静坐或正在进行轻度劳动的人来说，室内可以接受的温度一般在27℃－28℃之间。另外要合理设置运行时间，使用空调的睡眠功能，可以起到20%的节电效果。

第二招：选择制冷功率适中的空调。一台制冷功率不足的空调，不仅不能提供足够的制冷效果，而且由于长时间不间断地运

转，还会减短空调的使用寿命，增加空调出故障的可能性。那么选择制冷功率更大的空调就一定会更好吗？其实也不是。据介绍，如果空调的制冷功率过大，就会使空调的恒温器过于频繁地开关，从而导致对空调压缩机的磨损加大；同时，也会造成空调耗电量的增加。

另一方面，变频空调可比常规空调节能 20%～30%。选用变频空调器既省电省钱，噪音又小。

第三招：开空调时关闭门窗。空调房间不要频频开门，以减少热空气渗入。同时对于有换气功能的空调和窗式空调，在室内无异味的情况下，可以不开风门换气，这样可以节省 5%～8% 的能量。

第四招：使用空调时配合使用电扇，将使室内冷空气循环加速。电扇的耗电量仅为空调的 5%～10%，在天气不太热的时候，尽量使用电扇。

第四节　微波炉

使用微波来烹饪食物的方法首先是美国人斯本塞想到的。

斯本塞于 1921 年生于美国亚特兰大城。1939 年，他参加了海军，半年后因伤而退役，进入美国潜艇信号公司工作，开始接触各类电器，稍后又进入专门制造电子管的雷声公司。由于工作出色，1940 年，他由检验员晋升为新型电子管生产技术负责人。

天才加勤奋的结果，他先后完成了一系列重大发明，令许多老科学家刮目相看。

微波炉

1945 年，他观察到微波能使周围的物体发热。有一次，他走过一个微波发射器时，身体有热感，不久他发现装在口袋内的糖果被微波熔化。还有一次，他把一袋玉米粒放在波导喇叭口前，然后观察玉米粒的变化。他发现玉米粒与放在火堆前一样。第二天，他又将一个鸡蛋放在喇叭口前，结果鸡蛋受热突然爆炸，溅了他一身。这更坚定了他的微波能使物体发热的论点。

雷声公司受斯本塞实验的启发，决定与他一同研制能用微波热量烹饪的炉子。几个星期后，一台简易的炉子制成了。斯本塞用姜饼做试验。他先把姜饼切成片，然后放在炉内烹饪。在烹饪时他屡次变化磁控管的功率以选择最适宜的温度。经过若干次试验，食品的香味飘满了整个房间。1947 年，雷声公司推出了第一台家用微波炉。可是这种微波炉成本太高，寿命太短，从而影响了微波炉的推广。1965 年，乔治·福斯特对微波炉进行大胆改造，与斯本塞一起设计了一种耐用和价格低廉的微波炉。1967 年，微波炉新闻发布会兼展销会在芝加哥举行，获得了巨大成功。从此，微波炉逐渐走入了千家万户。由于用微波烹饪食物又快又方便，不仅味美，而且有特色，因此有人诙谐地称之为"妇女的解放者"。

微波炉是一种用微波加热食品的现代化烹调灶具。微波是一种电磁波。微波炉由电源、磁控管、控制电路和烹调腔等部分组成。电源向磁控管提供大约 4000 伏高压，磁控管在电源激励下，连续产生微波，再经过波导系统，耦合到烹调腔内。在烹调腔的进口处附近，有一个可旋转的搅拌器，因为搅拌器是风扇状的金属，旋转起来以后对微波具有各个方向的反射，所以能够把微波能量均匀地分布在烹调腔内。

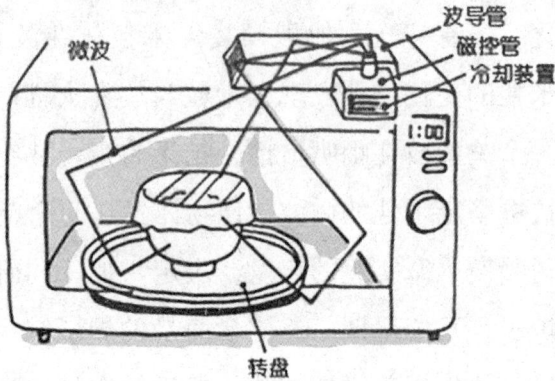

微波炉工作示意图

微波炉的功率范围一般为 500～1000 瓦。这种电磁波的能量不仅比通常的无线电波大得多，而且还很有"个性"，微波一碰到金属就发生反射，金属根本没有办法吸收或传导它；微波可以穿过玻璃、陶瓷、塑料等绝缘材料，但不会消耗能量；而含有水分的食物，微波不但不能透过，其能量反而会被吸收。微波是指

波长为 0.001～1 米的无线电波，其对应的频率为 30000 兆赫到 300 兆赫。为了不干扰雷达和其他通信系统，微波炉的工作频率多选用 915 兆赫或 2450 兆赫。

📚 **知识链接**

使用微波炉注意事项

在实际生活中，使用微波炉还是有很多禁忌的。

1. 用普通塑料容器：一是热的食物会使塑料容器变形；二是普通塑料会放出有毒物质，污染食物，危害人体健康。

2. 忌用金属器皿：因为放入炉内的铁、铝、不锈钢、搪瓷等器皿，微波炉在加热时会与之产生电火花并反射微波，既损伤炉体又不能加热食物，还可引起爆炸。

3. 忌使用封闭容器：加热液体时应使用广口容器，因为在封闭容器内食物加热产生的热量不容易散发，使容器内压力过高，易引起爆破事故。

4. 忌用瓶颈窄小的瓶装食物：就算打开了盖亦因压力而膨胀，引致爆炸。

5. 凡竹器、漆器等不耐热的容器，有凹凸状的玻璃制品，均不宜在微波炉中使用。瓷制碗碟不能镶有金、银花边。应使用专门的微波炉器皿盛装食物放入微波炉中加热。

6. 忌超时加热：食品放入微波炉解冻或加热，若忘记取出，如果时间超过 2 小时，则应丢掉不要，以免引起食物中毒。微波

炉的加热时间要视材料及用量而定，还和食物新鲜程度、含水量有关。由于各种食物加热时间不一，故在不能肯定食物所需加热时间时，应以较短时间为宜，加热后可视食物的生熟程度再追加加热时间。否则，如时间太长，会使食物变得发硬，失去香、色、味，甚至产生毒素。

7. 忌长时间在微波炉前工作：开启后，人应远离微波炉或人距离微波炉至少在 1 米之外。

8. 忌与其他电器共用同一插座，要用单一电源而且装接了地线的插座。

第五节　电力机车

列车是一种非常重要的交通工具。在列车发展的初期，其动力主要由机车上的蒸汽机提供，机车上必须携带蒸汽机工作所需要的煤和水，这样的机车称为蒸汽机车。随着时代的发展，现代的列车已不再使用笨重、效率较低的蒸汽机，而采用内燃机或电动机产生动力，这样的机车分别称为内燃机车和电力机车。这里我们主要谈的是电力机车。

电力机车则是靠沿铁轨建造的输电线路输送电能，用电动机产生动力，具有控制方便、速度快、污染小的优点。电力机车除了能在地面上行驶外，一些城市中修建的地下铁路也都是电力机车牵引。

1879 年德国人 W. von 西门子驾驶一辆他设计的小型电力机车，拖着乘坐 18 人的三辆车，在柏林夏季展览会上表演。机车电源由外部 150 伏直流发电机供应，通过两轨道中间绝缘的第三轨向机车输电。这是电力机车首次成功的实验。1890 年英国伦敦首先用电力机车在 5.6 千米长的一段地下铁道上牵引车辆。干线电力机车在 1895 年应用于美国的巴尔的摩铁路隧道区段，采用 675 伏直流电，自重 97 吨，功率 1070 千瓦。

19 世纪末，德国对交流电力机车进行了试验，1903 年德国三相交流电力机车创造了每小时 210.2 千米的高速纪录。

电力机车本身不带原动机，靠接受接触网送来的电流作为能源，由牵引电动机驱动机车的车轮。电力机车具有功率大、热效率高、速度快、过载能力强和运行可靠等主要优点，而且不污染环境，特别适用于运输繁忙的铁路干线和隧道多、坡度大的山区铁路。此外，电力旅客列车，可为客车空气调节和电热取暖提供便利条件。电力机车由于电气化铁路基本建设投资大，所以应用不如柴油机车和蒸汽机车广泛。

电力机车是从接触网上获取电能的，接触网供给电力机车的电流有直流和交流两种。由于电流制不同，所用的电力机车也不一样，基本上可以分为直 – 直流电力机车、交 – 直流电力机车、交 – 直 – 交流电力机车 3 类。

直 – 直流电力机车采用直流制供电，牵引变电所内设有整流装置，它将三相交流电变成直流电后，再送到接触网上。因此，电力机车可直接从接触网上取得直流电供给直流串励牵引电动机

电力机车

使用，简化了机车上的设备。直流制的缺点是接触网的电压低，一般为 1500 伏或 3000 伏，接触导线要求很粗，要消耗大量的有色金属，加大了建设投资。

交－直流电力机车在交流制中，目前世界上大多数国家都采用工频（50 赫兹）交流制，或 25 赫兹低频交流制。在这种供电制下，牵引变电所将三相交流电改变成 25 千伏工业频率单相交流串励电动机，把交流电变成直流电的任务在机车上完成。由于接触网电压比直流制时提高了很多，接触导线的直径可以相对减小，减少了有色金属的消耗和建设投资。因此，工频交流制得到了广泛采用，世界上绝大多数电力机车也是交－直流电力机车。

知识链接

动车组

我们通常看到的电力机车和内燃机车，其动力装置都集中安装在机车上，在机车后面挂着许多没有动力装置的客车车厢。如果把动力装置分散安装在每节车厢上，使其既具有牵引动力，又可以载客，这样的客车车辆便叫做动车。

动车组

几节自带动力的车辆加几节不带动力的车辆编成一组，就是动车组。带动力的车辆叫动车，不带动力的车辆叫拖车。动车组跑得快，一个重要原因是它的部分车厢自带动力，既有火车头的作用，也有部分车厢的动力

动车组有两种牵引动力的分布方式，一种叫动力分散，一种

叫动力集中。现在的动车组一般靠电能驱动。

动力分散动车组的优点是：动力装置分布在列车不同的位置上，可以实现较大的牵引力，并可实现灵活编组，两列各 8 节车厢的动车组可以非常方便地编为一列 16 节车厢的动车组。此外，在动车组一节动车的牵引动力发生故障时，对全列车的牵引指标影响不大。

动力集中动车组的优点是：动力装置集中安装在 2~3 节车上，检查维修比较方便，其电气设备的总重量小于动力分散动车组。

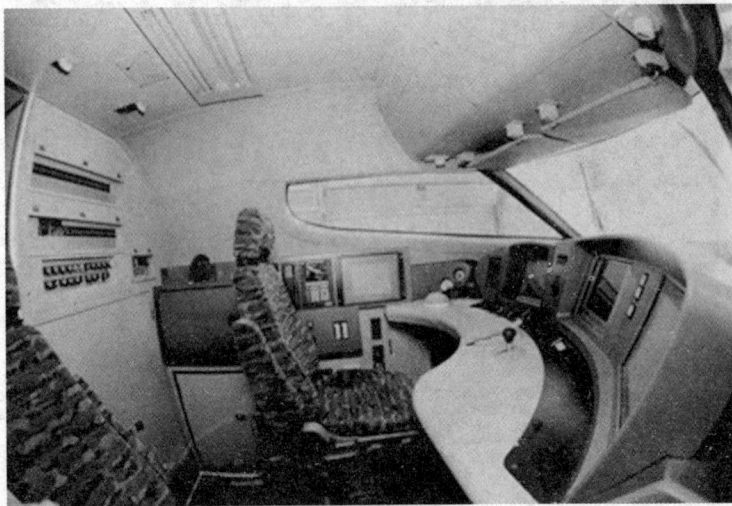

动车组驾驶室

目前，世界各国使用动车组的比重以日本为最大，占铁路旅客运输量的 87%；荷兰、英国次之，分别占 83%、61%；法国、德国又次之，分别占 22%、12%。动车组称得上是铁路旅客运输的生力军。

第六节　电动汽车

电动汽车是指以车载电源为动力，用电机驱动车轮行驶，符合道路交通、安全法规各项要求的车辆。由于对环境影响相对传统汽车较小，其前景被广泛看好，但当前技术尚不成熟。

电动汽车的优点是：它本身不排放污染大气的有害气体，即使按所耗电量换算为发电厂的排放，除硫和微粒外，其他污染物也显著减少。电厂大多建于远离人口密集的城市，对人类伤害较少，而且电厂是固定不动的，集中的排放，清除各种有害排放物较容易，也已有了相关技术。由于电力可以从多种一次能源获得，如煤、核能、水力等，解除人们对石油资源日见枯竭的担心。电动汽车还可以充分利用晚间用电低谷时富余的电力充电，使发电设备日夜都能充分利用，大大提高其经济效益。

有些研究表明，同样的原油经过粗炼，送至电厂发电，经充入电池，再由电池驱动汽车，其能量利用效率比经过精炼变为汽油，再经汽油机驱动汽车高，因此有利于节约能源和减少二氧化碳的排量，正是这些优点，使电动汽车的研究和应用成为汽车工业的一个"热点"。

早在19世纪后半叶的1873年，英国人罗伯特·戴维森制作了世界上最初的可供实用的电动汽车。这比德国人戴姆勒和本茨发明汽油发动机汽车早了10年以上。

戴维森发明的电动汽车是一辆载货车，使用铁、锌、汞合金与硫酸进行反应的一次电池。其后，从 1880 年开始，应用了可以充放电的二次电池。从一次电子表池发展到二次电池，这对于当时电动汽车来讲是一次重大的技术变革，由此电动汽车需求量有了很大提高。在 19 世纪下半叶成为交通运输的重要产品，写下了电动汽车需求量有了很大提高。在 19 世纪下半叶成为交通运输的重要产品，写下了电动汽车在人类交通史上的辉煌一页。1890 年法国和英伦敦的街道上行驶着电动大客车，当时的车用内燃机技术还相当落后，行驶里程短、故障多、维修困难，而电动汽车却维修方便。

在欧美，电动汽车最盛期是在 19 世纪末。1899 年法国人考门·吉纳驾驶一辆 44 千瓦双电动机为动力的后轮驱动电动汽车，创造了时速 106 千米的记录。

1900 年美国制造的汽车中，电动汽车为 15755 辆，蒸汽机汽车 1684 辆，而汽油机汽车只有 936 辆。进入 20 世纪以后，由于内燃机技术的不断进步，1908 年美国福特汽车公司 T 型车问世，以流水线生产方式大规模批量制造汽车使汽油机汽车开始普及，致使在市场竞争中蒸汽机汽车与电动汽车由于存在着技术及经济性能上的不足，使前者被无情的岁月淘汰，后者则呈萎缩状态。

电动汽车自此处于多年的沉睡状态，但它的优势人们一直没有忘记。电动汽车是以电池为动力的汽车，与燃油汽车有显著的区别。汽车虽给国民经济带来了发展，给人类带来了方便，但也给人类带来了巨大的灾害，42% 的环境污染是来源于燃油汽车的

排放，80%的城市噪声是由交通工具产生的，当今世界石油储量日趋减少，而燃油汽车是消耗石油的大户！因而当今汽车工业发展势必寻求低噪声、零排放、综合利用能源的方向。

因此，20世纪六七十年代，电动汽车开始复苏，在世界各国出现了研究、开发、应用电动汽车的热潮。电动汽车具有舒适干净、噪声低、不污染环境、操作简单可靠及使用费用低等优点，被称为绿色汽车。电动汽车技术则提供了对大气污染问题的一种解决方法，它不产生尾气排放，运行时几乎不产生污染，是一种真正意义上的零污染汽车。唯一使电动汽车产生污染的是为电动汽车提供能量、需要不断充电的蓄电池。而蓄电池的废弃物则主要以无机物为主，是有形的和易于收集的，人们利用现有的成熟技术可以对其进行处理，以达到零污染排放的目的。

按照目前技术状态和车辆驱动原理，电动汽车划分为纯电动汽车、混合动力电动汽车和燃料电池电动汽车3种类型。纯电动汽车是完全由充电电池如铅酸电池、镍镉电池、镍氢电池或锂离子电池提供动力的汽车。由于石化能源的日趋缺乏，纯电动汽车被认为是汽车工业的未来。

混合动力电动汽车是在纯电动汽车开发过程中为有利于市场化而产生的一种新车型。目前，混合动力电动汽车一般是指采用内燃机和电动机两种动力，因此混合动力电动汽车没有从根本上摆脱交通运输对石油资源的依赖问题，是电动汽车发展过程中一段时期内的一种过渡技术。

燃料电池电动汽车是以燃料电池作为动力源的电动汽车。燃

料电池是利用氢气和氧气（或空气）在催化剂的作用下直接经电化学反应产生电能的装置，具有无污染，只有水作为排放物的优点。但现阶段燃料电池的许多关键技术还处于研发试验阶段。此外，燃料电池的理想燃料——氢气，在制备、供应、储运等方面距离产业化还有大量的技术与经济问题有待解决。在车上存储大量压缩氢气的安全性也需要认真对待。

电动汽车

第七节　电纸书

　　人类文明的传承是和文字的记载与传播密不可分的，古代中国的四大发明其中就有两个与之有关。一个是东汉的造纸术，另外一个则是宋代的印刷术。造出来的纸张用来记载文字，而印刷术则可以使得这些文字流传得更为久远。纸的"进化"过程，从最初的甲骨到竹简再到纸，都是因为后者比前者更容易携带和保

存而被人类所选择使用。随着数字化时代越发的深入，印刷术和造纸术这两种人类使用了几百年和上千年的技术却遇上了强有力的挑战，那就是电纸书。

什么是电纸书呢？它是一种采用电子纸显示屏幕的新式手持阅读器，可以阅读目前电脑上绝大部分格式的电子书比如 PDF，CHM，TXT 等。电子纸和我们常见的电子屏是有区别的，它表面看起来与普通纸张十分相似，可以像报纸一样被折叠卷起，但实际上却有天壤之别。它上面涂有一种由无数微小的透明颗粒组成的电子墨水，颗粒直径只有人的头发丝的一半大小，这种微小颗粒内包含着黑色的染料和一些更为微小的白色粒子，那些白色粒子能够感应电荷而朝不同的方向运动，当它们集中向某一个方向运动时，就能使原本看起来呈黑色的颗粒的某一面变成白色。

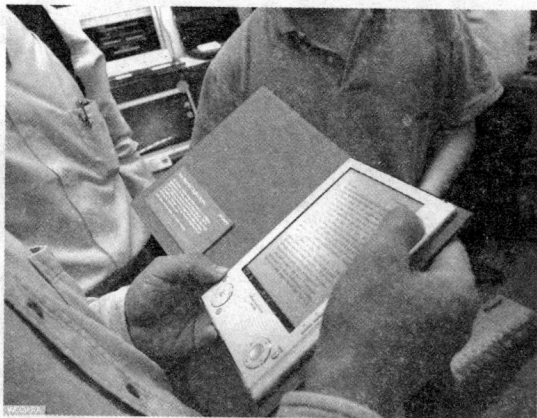

一本薄薄的电纸书容量相当于一个图书馆

根据这一原理，当这种电子墨水被涂到纸、布或其他平面物体上后，人们只要适当地对它予以电击，就能使数以亿计的颗粒

变幻颜色，从而根据人们的设定不断地改变所显现的图案和文字，这便是电子墨水的神奇功效。当然，电子墨水的颜色并不局限于黑白两色，只要调整颗粒内的染料和微型粒子的颜色，便能够使电子墨水展现出五彩缤纷的色彩和图案来。

只要有电场作用，且电场作用方式改变，电子油墨就能改变显示图像，这意味着电子油墨材料表面显示的信息能连续地更新。虽然信息表示的物理基础不同，但电子油墨显示器在使用感受上却与纸张没有明显差异。除此之外，电子油墨的功率消耗极低，重量也与纸张没有差别。

电子纸技术与现有的液晶技术不一样。电子纸显示器没有目前显示设备无法避免的强烈反光，画面分辨率高，显示效果与视觉感观与一般书写纸几乎完全相同。特别是电子纸技术具有画面记忆特性，一旦画面显示后即不再耗电，这对于便携式电子阅读器来说也是非常重要的优势。

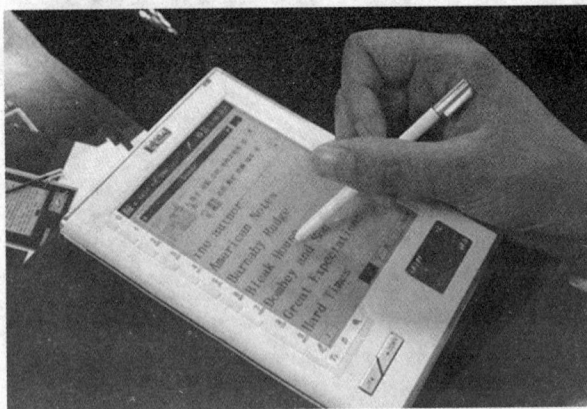

新品电纸书不仅可以看书，还可以手写。

与传统的书籍相比，电纸书更加环保和节省空间。存储在其内存卡中的电子书，可以轻松的达到成千上万本，不亚于一个小小的图书馆。如果要在家里放这么多书籍，那需要占很大的空间。与手机、MP3、电脑等电子设备来看电子书相比，采用电子纸技术的电纸书优点是辐射小、耗电低、屏幕大小合适，而且它的显示效果逼真，看起来和看书的效果一样，不伤眼睛。

从几年前电子纸技术在美国问世以来，该产业从2006年开始一直高速度向前发展。中国电纸书产业从2008年以后也驶上了快车道，2015年中国会超过美国，成为电子纸产品全球第一大生产和销售国家。电纸书带来了整个出版、阅读产业的革命。

第五章 安全用电和节约用电

电给人们的生活带来极大的方便，但它也有危险，人们在电面前应时刻防止触电。

人为什么会触电？由于人的身体能传电，大地也能传电，如果人的身体碰到带电的物体，电流就会通过人体传入大地，于是就引起触电。

但是，如果人的身体不与大地相连，如穿了绝缘胶鞋或站在干燥的木凳上，电流就不成回路，人就不会触电，正如自来水一样，关了水龙头，水就无法流通。

发生触电的原因很多，但常常与缺乏安全用电常识有关，很多人由于不知道哪些地方带电，什么东西能传电，误用湿布抹布泡或擦抹带电的家用电器，或随意摆弄灯头、开关、电线，一知半解玩弄电气等，因而造成触电。

触电的另一大原因是用电设备安装不合格。如果电风扇、电饭煲、洗衣机、电冰箱等没有将金属外壳接地，一旦漏电，人碰触设备的外壳，就会发生触电。有的家庭因为一时材料不全，将就使用已经老化或破损的旧电线、旧开关，这种错误的做法，很容易引起人身触电。

本章就为大家介绍用电设备的一些基本知识和安全用电的常识。

第一节　家庭电路

家庭电路主要组成部分有电线、电表、总开关、保险盒、家用电器、插座、开关等。

电表测整个家庭电路的用电多少，应接在最外面；如果保险丝熔断了，可以断开总开关进行更换，所以总开关在保险盒外面；家庭电路中电流过大时，保险丝熔断，对用电器起保护作用，所以保险盒在用电器外面。

家用保险丝是由电阻率较大而熔点较低的铅锑合金制成的，有过大电流通过时，保险丝产生较多的热量，使它的温度达到熔点，于是保险丝熔断，自动切断电路，起到保险作用。不同保险丝有不同规格，要起到保险作用，必须选择规格合适的保险丝。现在新型的保险装置是附加在总开关上，当电路中电流过大时，保险装置会使开关自动断开，切断电路，俗称跳闸。在找出电流过大的原因并把问题解决之后，用手重新闭合就可以了。

那么家庭电路的各部分都有什么作用，它们又是如何连接的呢？让我们一探究竟。

打开家庭电路的大门，首先映入我们眼帘的是电线。其中，一根叫做火线，一根叫做零线，而另外一根叫做地线。零线是变压器中性点引出的线路，与相线构成回路对用电设备进行供电。火线又叫做端线，它是三相四线电路中的某一根相线。地线，顾

名思义，就是与大地相连接的线。在火线和零线之间有 220 伏的电压，它们构成了家庭电路的电源。火线和大地之间有 220 伏电压，但在零线和大地之间则没有。

第二站我们就来到了电表，又叫电度表。它的作用就是测量我们在一定时间内消耗的电能，装在干路上，电能表的铭牌标有额定电压 U 和正常工作电流 I，家庭电路中正常工作时用电器最大总功率 P = UI。

接下来我们看到的是总开关，它的学名叫闸刀开关，它控制整个家庭电路的通断，装在干路上，安装闸刀开关时，上端为静触头接输入导线，而且绝对不可以倒装。

第四站就是我们熟悉的保险盒。老式的保险盒的主要构成是保险丝。保险丝是由电阻率大、熔点低的铅锑合金制成的；而且由于电流的热效应，当电路中的电流过大时能自动熔断而切断电路，可以起到保护作用；另外保险丝应串联在电路中，并且绝对不可以使用铁丝、铜丝代替保险丝，它的选择原则是保险丝的额定电流等于或稍大于电路中最大正常工作电流。

现在我们普遍使用的都是空气开关。它是一种只要有短路现象，开关形成回路就会跳闸的开关。所以人们不用像原来一样非常麻烦的更换保险丝了。

插座是我们来到的第五站。它是给可移动的家用电器供电，插座应并联在电路中，三孔插座中一个孔应接地线。按照规范，两项插座中，左边接零线，右边接火线，三项插座中，剩下的那一项需要接地线。

接下来是开关。开关可以控制所在支路的通断，开关应和被控制的用电器串联。

最后一站就是家用电器，各个家用电器应并联接入电路。

第二节 电 表

我们都知道每个月交电费时需要检查电表，现在有些大城市已经换成了插卡式电表，但是它是怎么工作的？确切的含义又是如何呢？电表又叫做电度表，它是一个用来测量电源的仪器，包括用来供应或生产自住宅、工商业或机械的电力。

典型美国家用电度表

最常用的是千瓦小时电度表。在零售电力的应用，供电商利用这些电度表发出电费账单。电度表亦可以记录使用电力时的其他信息，例如时间。

法国电表

家用电表一般是单相电表，用来计量用电量。电表容量用"安"表示。电表虽然有短时间过载的能力，但是经常超过规定的电荷会损坏电表。所以，选用电表要留有适当的富裕容量。

目前市场上普遍使用的单相电表分机械式和电子式两种。机械式电表的寿命长，过载能力高，性能也比较稳定。但是基本误差受电压、温度、频率等因素影响，长期使用损耗大。电子式电表采用专用大规模集成电路，具有精度高、结构小、质量轻等特点。家庭应优先选用电子式电表。随着分时计度供电方式的发展，分时计度电表的应用越来越广泛。我们现在家中所使用的电表就是电子式单相电表。

电表要设置在干燥、明净和没有震动的地方，并安装在涂有

防潮漆的适当大小和厚度的木板上，安装的高度离地面以不低于
1.2 米，不超过 2 米为宜。电表上的铅封不能自己拆除，因为这
是供电部门校验电能表合格后加封的标志。

第三节　试电笔

　　试电笔也叫测电笔，生活中我们称它为电笔。它是一种电工
工具，用来测试电线中是否带电。

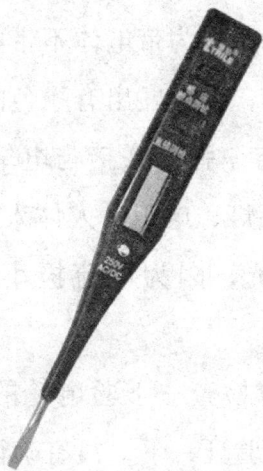

感应式试电笔

螺丝刀式试电笔

笔体中有一氖泡，测试时如果氖泡发光，说明导线有电或者为通路的火线。试电笔由笔尖金属体、电阻、氖管、笔身、小窗、弹簧和笔尾的金属体组成。当试电笔测试带电体时，只要带电体、电笔和人体、大地构成通路，并且带电体与大地之间的电位差超过一定数值（例如60伏），试电笔之中的氖管就会发光（其电位不论是交流还是直流），这就告诉人们，被测物体带电，并且超过了一定的电压强度。

使用试电笔时，一定要用手触及试电笔尾端的金属部分，否则因带电体、试电笔、人体与大地没有形成回路，试电笔中的氖泡不会发光，造成误判，认为带电体不带电。电笔的原理是电流流过电笔中的稀有气体，就会发出有颜色的光。为安全还串了一个阻值很高的电阻，与一弹簧联接与电笔尾部，测电时手摸尾部，极弱的电流流过氖灯、电阻、人体入地（形成回路）。如测的是火线，氖灯就发光，因为电流极小，所以人体没有什么感觉。

在使用前，首先应检查一下验电笔的完好性，氖泡是否损坏，然后在有电的地方验证一下，只有确认验电笔完好后，才可进行验电。使用试电笔时，人手接触电笔的部位一定在试电笔顶端的金属，而绝对不是试电笔前端的金属探头。使用试电笔要使氖管小窗背光，以便看清它测出带电体带电时发出的红光。笔握好以后，一般用大拇指和食指触摸顶端金属，用笔尖去接触测试点，并同时观察氖管是否发光。如果试电笔氖管发光微弱，切不可就断定带电体电压不够高，也许是试电笔或带电体测试点有污

垢，也可能测试的是带电体的地线，这时必须擦干净测电笔或者重新选测试点。反复测试后，氖管仍然不亮或者微亮，才能最后确定测试体确实不带电。湿手不要去验电，不要用手接触笔尖金属探头。

试电笔的使用方法极为重要，握试电笔也有一定的规则。告诉人们使用试电笔时怎样是正确的，怎样是错误的。用错误的握笔方法去测试带电体，会造成触电事故，因此必须特别留心。

目前有的试电笔有螺丝刀式试电笔，形状为一字螺丝刀，可以兼试电笔和一字螺丝刀用。还有感应式试电笔，它采用感应式测试，无需物理接触，可检查控制线、导体和插座上的电压或沿导线检查断路位置。因此极大的保障了维护人员的人身安全。低压验电笔除主要用来检查低压电气设备和线路外，它还可区分相线与零线、交流电与直流电以及电压的高低。通常氖泡发光者为火线，不亮者为零线；但中性点发生位移时要注意，此时，零线同样也会使氖泡发光；对于交流电通过氖泡时，氖泡两极均发光，直流电通过的，仅有一个电极附近发亮。当用来判断电压高低时，氖泡暗红轻微亮时，电压低；氖泡发黄红色，亮度强时电压高。

试电笔测试电压的范围通常在 60～500 伏之间。

第四节　插头与插座

插头插座是日常使用的最常见、最普通的电器附件。所有的电器要运转起来都少不了它，可以说插头插座是电器和供电之间的桥梁。

爱迪生发明的白炽灯把世界带入了电气时代，人们开始大量使用电灯，但这时是没有插头插座之类产品的，为了电气连接，人们只能将电线绞拧在端子上。但是，随着电器的大量出现，如果每次都要绞拧电线，麻烦又危险，产生了很多的安全问题，造成严重的触电事故。1904年哈维哈贝尔发明了2芯插头和插座并申请专利。

在大多数国家中，家用电源都是单相电，由一条导线（火线）传输交流电进入室内，再经另一条导线（中性线）传回去。1928年有人发明了带保护地线的3芯插头/座，第三个接头接地线，连接大地，用以避免设备或人员遭漏电所伤，据说是发明人有感于房东太太一次触电事故。

起先的插头插座都很简单，而且尺寸不统一，五花八门，各式各样，可能在一个国家内一个城市生产的一个插头，到了另一个城市就插不上当地的插座了。为了使插头插座具有通用性，世界各国都先后制定了自己统一的插头插座标准，如我国在1967年就由广州电器科学研究所为主制定了我国的第一个插头插座国家标准GB1002-67《单相插头插座型式、基本参数和尺寸》；又如，英国在1950就颁布了BS546：1950《250V以下电路用的有接地触头的两极插头、插座和转换器》。这些强制性标准的颁布，统一了每个国家内部插头插座的型式尺寸，从一定意义上也促进了贸易的发展。但目前的情况是，一国之内有统一的标准，但国

与国之间却不能兼容，全球范围内大多数插头/座不兼容，预计这种情况还会持续下去。

两相插头和三相插座

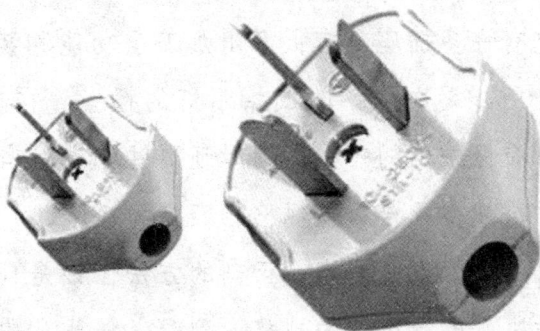

三相插头

随着插座不兼容情况的日益增多，就出现了"万能插座"，即多用孔插座、万用孔插座或转换器。一方面，这种插座的出现的确给用户解决了燃眉之急，使用起来比较方便；另一方面，由于这种产品是多个不同国家插孔型式的复合，往往是顾及到这个国家的插头的夹紧情况，但当插入另一个国家的插头时，就会很

松，夹不紧插销，造成使用时发热严重，产生危险的隐患。除了极少数企业的产品经过细致的设计及检测能达到要求外，市面上绝大多数的多用孔插座均存在安全隐患。

知识链接

如何安全使用插头插座

1. 根据插头要求和使用环境的不同选用相应插座

插头从外观上区分有两孔、三孔的，有圆插头、扁插头和方插头之分。与之相适应的插座种类也很多，有带开关的，也有不带开关的，也有许多插座是有很多附加安全功能和装置的，例如带熔丝、安全门、漏电保护器或指示灯的插座。在挑选插座时，应尽量选择带有保护门的产品。同时还要注意选择与家用电器的额定电流、插头规格及接线盒规格相匹配的插座。

谨慎使用所谓的万能插座。正确的方法应该是什么样的插头配什么样的插座。电源插座的规格、型号、接线和安装，应符合规范和设计要求。当接插有触电危险的电源时，应采用能断开电源的带开关插座。厨房、卫生间安装防油、防潮的密封型插座。

2. 不要频繁插拔插头

经常使用且位置固定的家电应单独接入固定插座；对于一些常移动的电器可采用多用插座，但需谨慎使用，不要同时开启多种电器。尽量使用开关。如长期不使用，应切断电源，收放妥当。

3. 高档电器不要与普通电器混用一个插座，冰箱彩电不能共用插座

许多家庭冰箱、彩电插在一个多用插座上，这样做可能会有许多人们意想不到的危害。因为冰箱和彩电的启动电流都很大，冰箱启动时电流为额定电流的 5 倍，彩电启动时电流达额定电流的 7~10 倍。如冰箱、彩电同时启动，插座接点及引线均难以承受，就会互相影响，产生意想不到的危害。

同时，以彩电来说，在冰箱启动和运转时会产生电滋波，也因冰箱、电视相距甚近而受到干扰，使彩电图像不稳，出现噪音等。

4. 避免湿手插拔插头

手上有水去插拔插头，因水是导体，会导致触电事故的发生。

不要长时间在潮湿环境中使用插座和电器。

第五节　预防触电

电虽然给我们带光明与欢乐，但是，如果我们不小心使用，会对我们的生活带来威胁，甚至对我们的生命产生危害。触电有可能致命，但怎样的触电才会致命？它主要取决于这样几个因素：电流进入身体和离开身体之处的电势差大小、流过身体的电流大小、接触的持续时间长短、电流经过的部位或器官。

触电标志

因此，高电压和高电流的触电固然可以致命；但即使电压和电流均相对较低，如果电流持续时间太长的话还是会致命的。同样，即使有高的电压和大的电流，也不一定会对人有什么危害，比如静电放电造成的触电，对人体只会造成短暂的刺痛感，或者根本没感觉，所以不被认为是传统意义下的触电。电椅就是根据触电的概念而设计的死刑执行工具。

当一个人被雷电击中，电荷会经过该人身体较接近表面的部位，造成呼吸停顿。至于家居电源的触电事故，电流对身体的影响则较集中于身体内部，造成心跳停顿。如果流经身体的电流超过 2 毫安培，会引致肌肉收缩，触电者便无法从电源撤出。所以在不得已需要徒手试探一个物体是否带电时，不能采用抓握的方式，而是使用手背缓慢的靠近待测物体。这样即使不幸触电，也能因为肌肉收缩而脱离带电体。不过最科学而安全的做法是去找一只试电笔，而不是拿自己生命开玩笑。

一般来说，对我们人类而言，100～250 伏特的交流电最容易

致命。因为人身上的电阻使较低的电压无法产生足够的电流，而较高的电压则使肌肉收缩的程度足以把触电者反弹出来，虽然触电者仍会被烧伤。

目前比较公认的安全电压是 36 伏特，人体在正常情况下直接接触不超过该值的电压不会对人体造成危害。电流对身体的损害主要在于加热身体组织以及干扰神经控制（尤其是对心脏的控制）。10 毫安培的电流能使肌肉发生纤维性抽搐，但大于 20 毫安培的电流反而能保护心脏免于抽搐，而且，电流可以使身体组织因过热而严重烧伤。电流的频率对肌肉收缩的程度有所影响，亦能导致心跳停顿。需要注意的是，如果电流的频率远高于普通交流电频率（该频率通常是 50 赫兹或者 60 赫兹），会因为电流的集肤效应使得电流大部分经由体表流过，对体内的器脏影响相对小很多。不过大的电流仍然会对皮肤造成损害。如果电流通过头或胸部，特别容易导致触电者死亡。

如果我们遇到触电情况，要怎么处理呢？首先要沉着冷静、迅速果断地采取应急措施。针对不同的伤情，采取相应的急救方法，争分夺秒地抢救，直到医护人员到来。

触电急救的要点是动作迅速，救护得法。发现有人触电，要使触电者尽快脱离电源，如果开关箱在附近，要立即拉下闸刀或拔掉插头，如果距离闸刀较远，应迅速用绝缘良好的电工钳或有干燥木柄的利器（刀、斧、锹等）砍断电线，或用干燥的木棒、竹竿、硬塑料管等物迅速将电线拨离触电者，断开电源。若现场无任何合适的绝缘物可利用，可用几层干燥的衣服将手包裹好，

站在干燥的木板上，拉触电者的衣服，使其脱离电源。对高压触电，应立即通知有关部门停电，或迅速拉下开关，或由有经验的人采取特殊措施切断电源。

触电措施1

对于触电者，可按以下3种情况分别处理：

（1）对触电后神志清醒者，要有专人照顾、观察，情况稳定后，方可正常活动；对轻度昏迷或呼吸微弱者，可针刺或掐人

中、十宣、涌泉等穴位，并送医院救治。

（2）对触电后无呼吸但心脏有跳动者，应立即采用口对口人工呼吸；对有呼吸但心脏停止跳动者，则应立刻进行胸外心脏挤压法进行抢救。

（3）如触电者心跳和呼吸都已停止，则须同时采取人工呼吸和俯卧压背法、仰卧压胸法、心脏挤压法等措施交替进行抢救。

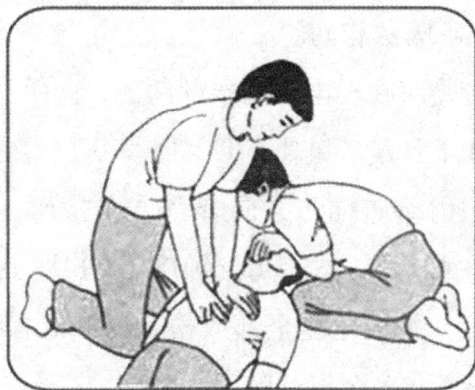

触电措施2

俯卧压背法就是将被救者俯卧，头偏向一侧，一臂弯曲垫于头下。救护者两腿分开，跪跨于病人大腿两侧，两臂伸直，两手掌心放在病人背部。拇指靠近脊柱，四指向外紧贴肋骨，以身体重量压迫病人背部，然后身体向后，两手放松，使病人胸部自然扩张，空气进入肺部。按照上述方法重复操作，每分钟16～20次。

仰卧压胸法就是将被救者仰卧，背后放上一个枕垫，使胸部突出，两手伸直，头侧向一边。救护者两腿分开，跪跨在病人大腿上部两侧，面对病人头部，两手掌心压放在病人的胸部，大拇

指向上，四指伸开，自然压迫病人胸部，肺中的空气被压出。然后把手放松，病人胸部依其弹性自然扩张，空气进入肺内。这样反复进行，每分钟 16～20 次。

心脏挤压法则是当触电者心跳停止时，必须立即用心脏挤压法进行抢救，具体方法如下：

（1）将触电者衣服解开，使其仰卧在地板上，头向后仰，姿势与口对口人工呼吸法相同。

（2）救护者跪跨在触电者的腰部两侧，两手相叠，手掌根部放在触电者心口窝上方，胸骨下 1/3 处。

（3）掌根用力垂直向下，向脊背方向挤压，对成人应压陷 3～4厘米，每秒钟挤压 1 次，每分钟挤压 60 次为宜。

（4）挤压后，掌根迅速全部放松，让触电者胸部自动复原，每次放松时掌根不必完全离开胸部。

上述步骤反复操作。如果触电者的呼吸和心跳都停止了，应同时进行口对口人工呼吸和胸外心脏挤压。如果现场仅一人抢救，两种方法应交替进行。每次吹气 2～3 次，再挤压 10～15 次。

在我们没有触电的时候，有没有什么触电的预防措施呢？答案自然是肯定的。

直接触电的预防措施有以下 3 种：

（1）绝缘措施。良好的绝缘是保证电气设备和线路正常运行的必要条件，是防止触电事故的重要措施。选用绝缘材料必须与电气设备的工作电压、工作环境和运行条件相适应。不同的设备

或电路对绝缘电阻的要求不同。例如：新装或大修后的低压设备和线路，绝缘电阻不应低于 0.5 兆欧；运行中的线路和设备，绝缘电阻要求每伏工作电压 1 千欧以上；高压线路和设备的绝缘电阻不低于每伏 1000 兆欧。

（2）屏护措施。采用屏护装置，如常用电器的绝缘外壳、金属网罩、金属外壳、变压器的遮栏、栅栏等将带电体与外界隔绝开来，以杜绝不安全因素。凡是金属材料制作的屏护装置，应妥善接地或接零。

（3）间距措施。为防止人体触及或过分接近带电体，在带电体与地面之间、带电体与其他设备之间，应保持一定的安全间距。安全间距的大小取决于电压的高低、设备类型、安装方式等因素。

间接触电的预防措施有以下 3 种：

（1）加强绝缘。对电气设备或线路采取双重绝缘的措施，可使设备或线路绝缘牢固，不易损坏。即使工作绝缘损坏，还有一层加强绝缘，不致发生金属导体裸露造成间接触电。

（2）电气隔离。采用隔离变压器或具有同等隔离作用的发电机，使电气线路和设备的带电部分处于悬浮状态。即使线路或设备的工作绝缘损坏，人站在地面上与之接触也不易触电。必须注意，被隔离回路的电压不得超过 500 伏，其带电部分不能与其他电气回路或大地相连。

（3）自动断电保护。在带电线路或设备上采取漏电保护、过流保护、过压或欠压保护、短路保护、接零保护等自动断电措

施，当发生触电事故时，在规定时间内能自动切断电源起到保护作用。

知识链接

青少年如何预防触电

1. 课室、宿舍内的电灯、风扇要由专人管理，插头不要随便拔出与插入，防止触电事故发生。

2. 搞清洁的时候，把电源的总开关打开，切断电源。不用湿布抹开关、电线、电灯和光管。

3. 不在学校的变压器、电机房的周围玩耍。

4. 遇到电路故障，发生断电情况时，立刻报告老师请电工维修，千万别自作主张去进行修理。

5. 家里、学校的所有插座都是通电的，千万不要用手指、铁丝、钢笔等捅插座，这是非常危险的，很容易造成触电。

6. 有高压电线的地方不能放风筝，因为风筝很容易落在电线上，极有可能引发触电。

7. 不在变压器旁边逗留、玩耍，更不能因为淘气损坏变压器，这样是特别危险的。

8. 在上学、放学的路上，发现地上有电线、电缆，千万不要走近，更不要伸手去拉，以免触电。如果发现掉下的电线把人击倒，千万不要伸手拉他，否则不但救不了别人，自己也会触电。正确的方法是用干燥的木棍等绝缘体将电线拨开。

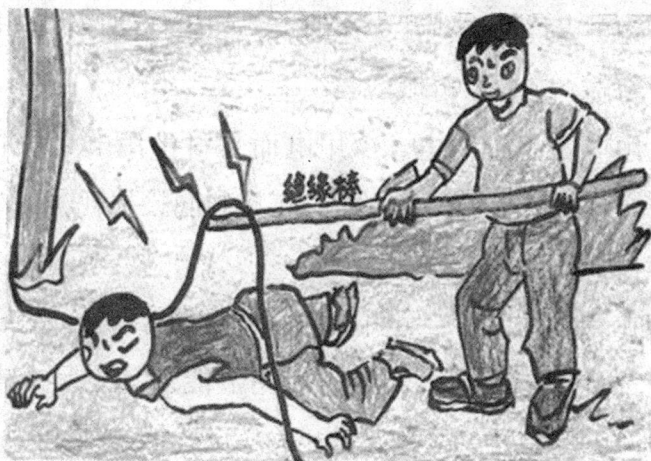

绝缘棒

9. 户外活动遇到雷雨时，不要站在大树、烟囱、尖塔、电线杆等底下，也不要站在山顶上，因为高耸、凸出的物体容易遭受雷击。

10. 在开阔的水面游泳或划船的同学，在雷雨时要赶快离开水面，否则会成为雷击的目标。

11. 不爬电线杆，不在电线上晾晒衣物。

第六节　节约用电

一度电就是 1000 瓦时，在家庭中能做些什么？能用吸尘器把你的房间打扫 5 遍；25 瓦的灯泡能连续点亮 40 小时；家用冰箱能运行 1 天；普通电风扇能连续运行 15 小时；1P 空调器能开1.5 小时；能将 8 公斤的水烧开；电视机能开 10 小时；如果你有电炒锅，你可以烧两个非常美味的菜；如果你使用的是电热淋浴器，可使你洗一个非常舒服的澡。

节约用电不是不用电、少用电而是科学用电。采取技术可行、经济合理的措施，减少电能的直接和间接损耗，提高能源效率和环境保护。

我们在看书写字时，照明要充分利用反射与反光，例如给灯配上合适的反射罩可提高照度；使用节能灯具也是节电的好方式；尽量减少灯的开关次数，每开关一次，灯的使用寿命大约降低 3 小时；保持灯泡、灯罩清洁，提高发光、反射效果；灯在使用一段时间以后，光通量就会大幅度下降，灯会越来越暗，这时要注意及时更换新灯。

对比冰箱来说，不论安置何种型号的冰箱，冰箱都应置于凉爽通风处，它的背面与墙之间都要留出空隙，这比起紧贴墙面每天可以节能 20% 左右。电冰箱开门次数要少，开门动作要快，另外冰箱内的温度调节档应适中，不宜放置强冷，以免冰箱内制冷循环系统加大工作量而增加耗电量。

一般食物保鲜效果在 8℃～10℃ 最佳。贮存食物不宜过满，食品与箱体之间应留有 10 毫米以上的空隙，以利箱内冷空气对流。存放热的食品，要待食品凉后再放入冰箱，分小块贮存，避免重复冷冻。鸡、鱼等挖去内脏，先冷藏后再冷冻，从而减少用电量。一般冰箱内蒸发器表面霜层达 5 毫米以上时就应除霜，如挂霜太厚会产生很大的热阻，耗电量会增多。要常保持冰箱背部清洁，因为冷凝器和压缩机的表面灰尘会影响散热效果。

夏天，冰箱冷冻室的东西一般较少，这时可以用几个塑料盒或微波炉盒等容器盛满水后放入冷冻室，待水结成冰块后，将冰块转移到冷藏室，放在温控器的下面或旁边，这样当冷气朝上散发时，就会降低温控器周围的温度，从而减少温控器的启动次数，达到节电的目的。同时，冰块融化时会吸收大量的热量，这样对冷藏室内存放的食物也会起到降温保鲜的作用。

你知道吗？空调的睡眠功能可以起到节能20％的效果。空调功率要与住房面积相配，一般按每平方米200千卡计算，将空调安装在背阳的窗户上部。使用空调器时，不宜温度太低，国家推荐家用空调夏季设置的温度为26℃~27℃。

勿给外机穿"雨衣"，因为会影响散热，增加电耗。空调器面板上的过滤网应隔半月左右清扫一次。若积尘太多，应把它放在不超过45℃的温水中清洗干净，吹干后按上。

电视现在也是我们日常生活中的必需品。各种各样的信息都来自于电视。但是电视机不看时应拔掉电源插头，不要让电视处于待机状态。电视色彩、音量及亮度调至人感觉最佳状态，可以节电50％，也能延长电视机的使用寿命。另外，在开启电视机时，音量不宜过大。因为每增加1瓦音频功率，要增加3~4瓦电功耗。亮度高也比较费电。

现在很多朋友使用电脑的频率非常高，它可以帮助我们做很多事情，查阅很多资料。但是短时间不用电脑，启用电脑的"待机"模式。电脑关机后，一定要将电源插头拔下。而且显示器的选择要适当，因为显示器越大，耗能越多。

还有一些我们比较常用的家电，比如电熨斗、电饭锅、微波炉、洗衣机等。家用电熨斗通常有调温型和普通型。前者比较利于节约用电。普通型电熨斗也最好选择手柄上有开关的，可随时控制温度，降低电耗。应根据不同衣料所需要的温度随时掌握电熨斗的通电时间。充分利用电熨斗的余热，也是节约用电的一个途径。如在熨烫毛料服装正面时，需要较高的温度，当熨烫反面时，则需要较低温度。

用电饭锅煮饭前，米最好浸泡 30 分钟左右，用温水或热水煮饭，这样可以节电 30%。煮饭时，电饭锅上盖一条毛巾，可以减少热量散失。电热盘是电饭锅的主要发热部件，所以保持电热盘清洁可以提高功效、节省用电。每次用后要用干净软布擦净，焦膜可用木片、塑料片刮除。而微波炉节电，主要决定于加热食品的多少和干湿。加热食品时，应在被加热食品上加层保护膜，防止加热食品水分蒸发，这样不仅味道好，而且节省电能。

洗衣机的耗电量则取决于使用时间的长短。应根据衣物的种类和脏污程度确定洗衣时间。一般合成纤维和毛丝织物洗涤 3 ~ 4 分钟；棉麻织物 6 ~ 8 分钟；极脏的衣物 10 ~ 12 分钟。同样长的洗涤周期，"弱洗"比"强洗"的叶轮换向次数多，电机就会增加反复启动。电机启动电流是额定电流的 5 ~ 7 倍，因此"弱洗"反而费电；"强洗"还可延长电机寿命。洗衣后脱水 2 分钟就可以了。衣物在转速 1680 转/分情况下脱水 1 分钟，脱水率就可达 55%，延长时间提高脱水率很少。先浸后洗。洗涤前，先将衣物在流体皂或洗衣粉溶液中浸泡 10 ~ 14 分钟，让洗涤剂与衣服上

的污垢脏物起作用，然后再洗涤。这样，可使洗衣机的运转时间缩短 1/2 左右，电耗也就相应减少了 1/2。额定容量。若洗涤量过少，电能白白消耗；反之，一次洗得太多，不仅会增加洗涤时间，而且会造成电机超负荷运转，既增加了电耗，又容易使电机损坏。用水量适中。水量太多，会增加波盘的水压，加重电机的负担，增加电耗；水量太少，又会影响洗涤时衣服的上下翻动，增加洗涤时间，使电耗增加。

第六章 新能源发电

《大英百科全书》说过："能源是一个包括着所有燃料、流水、阳光和风的术语，人类用适当的转换手段便可让它为自己提供所需的能量"；并且，在我国的《能源百科全书》中，同样说过："能源是可以直接或经转换提供人类所需的光、热、动力等任一形式能量的载能体资源。"可见，能源是一种呈多种形式的，且可以相互转换的能量的源泉。

简单地说，能源是自然界中能为人类提供某种形式能量的物质资源。在当今世界，能源的发展，能源和环境，是全世界、全人类共同关心的问题。

目前人类面临的问题正是：能源资源枯竭；环境污染严重。必须寻找一些既能保证有长期足够的供应量又不会造成环境污染的能源。人们迫切地呼唤着新能源的出现和利用。

什么是新能源？一般地说，常规能源是指技术上比较成熟且已被大规模利用的能源，而新能源通常是指尚未大规模利用、正在积极研究开发的能源。因此，火电、水电、核电这几类都属于常规能源，在这几类之外，人们还能找到什么新的能源呢，本章将带你走进一个新世界。

第一节 太阳能发电

随着经济的发展、社会的进步，人们对能源提出越来越高的要求，寻找新能源成为当前人类面临的迫切课题。现有能源主要有 3 种，即火电、水电和核电。

火电需要燃烧煤、石油等化石燃料。一方面化石燃料蕴藏量有限、越烧越少，正面临着枯竭的危险。据估计，全世界石油资源再有 30 年便将枯竭。另一方面燃烧燃料将排出 CO_2 和硫的氧化物，因此会导致温室效应和酸雨，恶化地球环境。

水电要淹没大量土地，有可能导致生态环境破坏，而且大型水库一旦塌崩，后果将不堪设想。另外，一个国家的水力资源也是有限的，而且还要受季节的影响。

核电在正常情况下固然是干净的，但万一发生核泄漏，后果同样是可怕的。前苏联切尔诺贝利核电站事故，已使数百万人受到了不同程度的损害，而且这一影响并未终止。

这些都迫使人们去寻找新能源。新能源要同时符合 2 个条件：一是蕴藏丰富不会枯竭；二是安全、干净，不会威胁人类和破坏环境。目前找到的新能源主要有 2 种，一是太阳能，二是燃料电池。另外，风力发电也是新能源。其中，最理想的新能源是太阳能。

照射在地球上的太阳能非常巨大，大约 40 分钟照射在地球

上的太阳能，便足以供全球人类 1 年能量的消费。可以说，太阳能是真正取之不尽、用之不竭的能源，而且太阳能发电绝对干净，不产生公害，所以太阳能发电被誉为理想的能源。

从太阳能获得电力，需通过大阳电池进行光电变换来实现。它同以往其他电源发电原理完全不同，具有以下特点：

①无枯竭危险；

②绝对干净（无公害）；

③不受资源分布地域的限制；

④可在用电处就近发电；

⑤能源质量高；

⑥获取能源花费的时间短。

不足之处是：

①照射的能量分布密度小，即要占用巨大面积；

②获得的能源同四季、昼夜及阴晴等气象条件有关。

但总的说来，瑕不掩瑜，作为新能源，太阳能具有极大优点，因此受到世界各国的重视。

要使太阳能发电真正达到实用水平，一是要提高太阳能光电变换效率并降低其成本，二是要实现太阳能发电同现在的电网联网。

太阳能发电虽受昼夜、晴雨、季节的影响，但可以分散地进行，所以它适于各家各户分机进行发电，而且要联接到供电网络上，使得各个家庭在电力富裕时可将其卖给电力公司，不足时又可从电力公司买入。实现这一点的技术不难解决，关键在于要有

相应的法律保障。现在美国、日本等发达国家都已制定了相应法律，保证进行太阳能发电的家庭利益，鼓励家庭进行太阳能发电。我国也在积极发展太阳能发电。

光热发电

太阳能光热发电是指利用大规模阵列抛物或碟形镜面收集太阳热能，通过换热装置提供蒸汽，结合传统汽轮发电机的工艺，从而达到发电的目的。

采用太阳能光热发电技术，避免了昂贵的硅晶光电转换工艺，可以大大降低太阳能发电的成本。而且，这种形式的太阳能利用还有一个其他形式的太阳能转换所无法比拟的优势，即太阳能所烧热的水可以储存在巨大的容器中，在太阳落山后几个小时仍然能够带动汽轮发电。

一般来说，太阳能光热发电形式有槽式、塔式，碟式（盘式）3种系统。

（1）塔式太阳能热发电站

20世纪50年代末由前苏联首先提出塔式太阳能电站的构想。90年代初，全世界塔式电站总装机容量为20兆瓦，分布在美国、意大利、西班牙、法国、乌兹别克斯坦等国，其中美国南加州的太阳1号塔式电站规模最大，进入21世纪后塔式太阳能发电站得到很大发展，不断出现新的大型电站，目前以西班牙在安达卢西亚沙漠中建立的一个塔式电站占据头名，这座塔式太阳能电站的功率达20兆瓦，但预计很快会被超越。

塔式太阳热发电系统

（2）槽式太阳能热发电站

槽式太阳能发电系统是用抛物线槽型反光镜将阳光聚焦到装有热传导油的真空集热管上，热传导油加热到390℃，由泵推动热传导油通过热交换器将水加热成过热蒸汽驱动传统的锅轮机发电。用天然气组成互补系统，其中天然气装机占整个系统的25％，以利在没有太阳的时候仍可正常供电。其发电成本同核电站相当。

槽式太阳热发电系统

（3）碟式太阳能发电站

碟式太阳能发电系统，是通过一个或数个碟式反射镜将太阳光聚集到位于盘焦点处的集热器。将集热器中的液体加热到750℃，通过附着在集热器上的斯特林发电机组来发电。适用于电网无法通达的边远地区。美国的麦一道公司已建成7个单机功率为7-25千瓦的太阳能热发电装置，分别安装在美国和欧洲一些国家。这种发电系统与其他光热发电技术相比效率最高。

3种系统目前只有槽式线聚焦系统实现了商业化，其他2种

碟式太阳热发电系统

处在示范阶段，有实现商业化的可能和前景。目前国际上正在运行的太阳能热发电装机容量已超过 660 兆瓦，建设中的项目超过 2000 兆瓦，发展前景被一致看好。2009 年 7 月，12 家大型公司在德国慕尼黑签署备忘录，启动"沙漠行动计划"，将耗资 4000 亿欧元，在中东及北非地区建立一系列联网的太阳能热发电站，满足欧洲 15% 的电力需求以及电站所在国家的部分电力需求。

光热发电在我国仍一直处于技术研发阶段，中国乃至亚洲都没有一座真正意义上的太阳能热发电厂。

光伏发电

太阳能发电分光热发电和光伏发电。光热发电是将太阳能聚集起来，加热工质（一般是经处理的水），产生一定温度压力的蒸气驱动汽轮发电机组发电；光伏发电直接利用电池板收集太阳能并转换成电能。

目前，不论产销量、发展速度和发展前景，光热发电都赶不上光伏发电。可能因光伏发电普及较广而接触光热发电较少，通常民间所说的太阳能发电往往指的就是太阳能光伏发电，简称光电。

光伏发电是根据光生伏特效应原理，利用太阳能电池将太阳光能直接转化为电能。

光伏发电系统主要由太阳能电池板（组件）、控制器和逆变器3大部分组成，它们主要由电子元器件构成，不涉及机械部件，所以，光伏发电设备极为精炼，可靠稳定寿命长、安装维护简便。理论上讲，光伏发电技术可以用于任何需要电源的场合，上至航天器，下至家用电源，大到兆瓦级电站，小到玩具，光伏电源无处不在。

太阳能光伏发电的最基本元件是太阳能电池（片），有单晶硅、多晶硅、非晶硅和薄膜电池等。目前，单晶和多晶电池用量最大，非晶电池用于一些小系统和计算器辅助电源等。国产晶体硅电池效率在 $10\sim13\%$ 左右，国外同类产品效率约 $12\sim14\%$。由一个或多个太阳能电池片组成的太阳能电池板称为光伏组件。

太阳能光伏电站

目前，光伏发电产品主要用于3大方面：

（1）为无电场合提供电源，主要为广大无电地区居民生活生产提供电力，还有微波中继电源、通讯电源等，另外，还包括一些移动电源和备用电源。

（2）太阳能日用电子产品，如各类太阳能充电器、太阳能路灯和太阳能草坪灯等。

（3）并网发电，这在发达国家已经大面积推广实施。我国并网发电正在起步阶段。

近几年国际上光伏发电快速发展，世界上已经建成了10多座兆瓦级光伏发电系统，6个兆瓦级的联网光伏电站。美国是最早制定光伏发电的发展规划的国家。1997年又提出"百万屋顶"计划。日本1992年启动了新阳光计划，到2003年日本光伏组件生产占世界的50%，世界前10大厂商有4家在日本。而德国新

可再生能源法规定了光伏发电上网电价，大大推动了光伏市场和产业发展，使德国成为继日本之后世界光伏发电发展最快的国家。瑞士、法国、意大利、西班牙、芬兰等国，也纷纷制定光伏发展计划，并投巨资进行技术开发和加速工业化进程。

中国光伏发电产业于20世纪70年代起步，90年代中期进入稳步发展时期。太阳电池及组件产量逐年稳步增加。经过30多年的努力，已迎来了快速发展的新阶段。在"光明工程"先导项目和"送电到乡"工程等国家项目及世界光伏市场的有力拉动下，我国光伏发电产业迅猛发展。

太阳能光伏发电在不远的将来会占据世界能源消费的重要席位，不但要替代部分常规能源，而且将成为世界能源供应的主体。预计到2030年，可再生能源在总能源结构中将占到30%以上，而太阳能光伏发电在世界总电力供应中的比率也将达到10%以上；到2040年，可再生能源将占总能耗的50%以上，太阳能光伏发电将占总电力的20%以上；到21世纪末，可再生能源在能源结构中将占到80%以上，太阳能发电将占到60%以上。这些数字足以显示出太阳能光伏产业的发展前景及其在能源领域重要的战略地位。

太空发电

当人们为地球上煤炭、石油等能源的日渐减少和消耗能源带来的全球变暖问题烦恼时，一些科学家把寻找新能源的目光投向了浩瀚太空，太空太阳能有望成为一种具有利用价值的新能源。

科学家设想，通过向太空发射带有能量搜集装置的卫星，并将其搜集的能量转化为微波传送回地球，再转化为直流电，从而为人类提供"廉价、清洁、安全、可持续"的能源。

太阳能发电，是一种利用半导体将光能直接转换为电能的发电方法。在宇宙太阳能发电站，首先将来自伸展在广袤宇宙的巨大太阳能电池板的直流电力转换为微波，然后由输电天线向地面无线传送电力。用于输电的微波，为已经在移动电话、卫星广播、微波炉等得到广泛应用的电磁波。

在地面，为了接收来自宇宙太阳能发电站的输电微波束，需要建造类似接收天线的受电设施。接收天线，由天线以及二极管组成，负责将接收到的微波重新转换为直流电力。综合考虑多种因素，如将在宇宙太阳能发电站获得的直流电力转换为微波时的转换效率、微波传送过程中以及在天线接收时的损耗、由微波再次转换为直流电力时的效率等多种因素，由宇宙太阳能发电站发出的大约50%的电力，可以在地面得到实际使用。

那么，在宇宙建造太阳能发电站有什么好处呢？首先，地面上一天24小时中的大约1/2为夜晚，无法进行发电，多云以及阴雨天气也不适合发电。位于静止轨道上的宇宙太阳能发电站，除了1年2次的食蚀之外，几乎24小时均能发电。此外，静止轨道上太阳能的强度，是地面的2倍，日照时间是地面的4~5倍，发电能力更是地面的8~10倍。由此可见，宇宙发电具有极高的发电效率，可获得稳定的电力供给。

建造宇宙太阳能发电站的设想，最初由美国人彼得·格拉斯

提出。他认为，如果向赤道上空约 36000 千米的椭圆形静止轨道发射卫星，然后利用微波向地面传送由太阳能电池发出的电力，人类将能享用到无穷无尽的能源。

格拉斯设想了一个面积达 50 平方千米的太阳能电池板阵列，其中每块电池板都能产生数千瓦的能量。人们用火箭将这些电池板送入地球同步轨道，并让数百名宇航员在太空中完成组装工作。在他的设计方案中，太空发电站的电池板能不断调整角度以面对太阳，然后借助一个长达 1 千米的微波天线将太阳能传回地球。为实现这一目标，这个巨大的天线必须安装在万向装置上，使它能自由旋转而不受阵列中其他设备的影响。地面接收天线则更为壮观，占地超过 100 平方千米。如果这个梦想得以实现，它将成为最伟大的太空奇迹，国际空间站在它面前就不过是摩天大楼前的一间玩具房子。

20 世纪 70 年代，美国航空航天局与美国能源部设计了一种被称为"标准模式"的大规模宇宙太阳能发电站，该发电站利用重约 5 万吨、面积为 10 千米×5 千米的太阳能电池板进行发电，通过直径约 1 千米的输电天线，利用 2.45 千兆赫微波向地面无线传送电力。地面接收天线的大小为 10 千米×13 千米。按照设计方案，宇宙太阳能发电站的发电能力为 1000 万千瓦，最终可在地面利用的直流电力为 500 千瓦，相当于 5 座原子能发电站。由于建造费用高昂，如果纯粹作为发电站出售电力，经济上势必出现赤字，该项研究最终未能付诸实施。

在此之后，受日本微波输电技术不断进步的刺激，从 1995

年起，由美国航空航天局牵头，对宇宙太阳能发电站进行了重新评价，并提出了经济性更为良好的"太阳塔计划"。按照该计划，将在长度为 15 千米的集电线主干上，先连接类似树叶那样的反射镜，然后由太阳能电池将反射镜聚集起的太阳光能转换为电力，最后通过输电线传送至输电天线。"太阳塔"具有 25 万千瓦的发电能力，建设费用大大低于 70 年代的"标准模式"发电站。

20 世纪 80 年代，日本科学家开始了在宇宙太阳能发电中至关重要的微波输电研究，并在 1983 年进行了世界首例在宇宙空间的试验，成功实现了电离层内从母火箭向子火箭的微波输电。1992 年，日本又成功进行了借助微波输电的模型飞机试飞，没有搭载任何燃料的模型飞机通过接收来自地面的微波，在距离地面 10 ~ 15 米的高度飞行了约 400 米。1994 年，日本研究人员在地面利用微波将 3 千瓦的电力成功输送到了 42 米外的场所。

日本无人太空实验自由飞行物研究所设想的太空中太阳能帆板的模型图，一面吸收太阳能，一面将能源传回地球。

　　凭借居世界领先地位的微波输电技术，日本建立起了众多有关宇宙太阳能发电的研究团体，并在 2000 年由经济产业省发起成立了"宇宙太阳能发电实用化研究委员会"，迈出了实质性研究宇宙太阳能发电的第一步。在上述研究的基础上，计划在 2015～2020 年间发射 1 万千瓦－10 万千瓦级的电力卫星。

　　2009 年 11 月，太空发电的努力再次向前推进一大步，日本宣布将在 2030 年前在太空建造太阳能发电站，通过激光束和微波将电能传送回地球，实现日本清洁能源无限化的梦想。这个计划被分成多个阶段，在未来几年内，日本将利用本国自主研发的火箭将一颗卫星送入近地轨道，测试利用微波传送能量。大约 2020 年，将发送和测试发电 10 兆瓦的巨大的光电结构，接着发射发电量 250 兆瓦的光电设施。最后在 2030 年实现太空发电，生产廉价电力的目标。

　　不过一些研究机构提醒，激光束从太空中照射下来，会将空中的鸟类烤焦，将飞机切成片，这些可能引发公众恐慌。根据他们 2004 年对 1000 名日本人的调研发现，激光和微波是普通日本人最担心的词汇。专家们解释，微波辐射对生物体没有像紫外线、X 光或核子辐射的那种效果，它的最大影响因素是"热"，亦即由物质吸收微波所产生热现象的影响。一束低能微波的能量，还不如从微波炉中泄露出来的能量大，因此在安全考量上是不需过于顾虑的。

　　专家指出，巨额建造费用才是困扰宇宙太阳能发电站进入实用化的关键。但是，只要目前面临的能源危机还在持续，地面系统的技术仍没有解决对土地的争夺，太空太阳能技术仍有一定的前景。

第二节　风力发电

　　风是一种潜力很大的新能源。风的力量人们一直都有所领教，18 世纪初，横扫英法两国的一次狂暴大风，吹毁了 400 座磨坊、800 座房屋、100 座教堂、400 多条帆船，并有数千人受到伤害，25 万株大树连根拔起。仅就拔树一事而论，风在数秒钟内就发出了 1 千万马力的功率！有人估计过，地球上可用来发电的风力资源约有 100 亿千瓦，几乎是现在全世界水力发电量的 10 倍。目前全世界每年燃烧煤所获得的能量，只有风力在 1 年内所提供能量的 1/3。因此，国内外都很重视利用风力来发电，开发新能源。

　　风力发电的优越性可归纳为 3 点：①建造风力发电场的费用低廉，比水力发电厂、火力发电厂或核电站的建造费用低得多；②不需火力发电所需的煤、油等燃料或核电站所需的核材料即可产生电力，除常规保养外，没有其他任何消耗；③风力是一种洁净的自然能源，没有煤电、油电与核电所伴生的环境污染问题。

　　风力发电就是把风的动能转变成机械能，再把机械能转化为电能。风力发电所需要的装置，称作风力发电机组。这种风力发电机组，大体上可分风轮（包括尾舵）、发电机和铁塔三部分。

那么，多大的风力才可以发电呢？

一般说来，3 级风就有利用的价值。但从经济合理的角度出发，风速大于 4 米/秒才适宜于发电。据测定，一台 55 千瓦的风力发电机组，当风速 9.5 米/秒时，机组的输出功率为 55 千瓦；当风速 8 米/秒时，功率为 38 千瓦；风速 6 米/秒时，只有 16 千瓦；而风速为 5 米/秒时，仅为 9.5 千瓦。可见风力愈大，经济效益也愈大。

风力发电机主要包括水平轴式风力发电机和垂直轴式风力发电机等。其中，水平轴式风力发电机是目前技术最成熟、生产量最多的一种形式。它由风轮、增速齿轮箱、发电机、偏航装置、控制系统、塔架等部件所组成。风轮将风能转换为机械能，低速转动的风轮通过传动系统由增速齿轮箱增速，将动力传递给发电机。整个机舱由高大的塔架举起，由于风向经常变化，为了有效地利用风能，还安装有迎风装置，它根据风向传感器测得的风向信号，由控制器控制偏航电机，驱动与塔架上大齿轮啮合的小齿轮转动，使机舱始终对风。

在电力不足的地区，为节省柴油机发电的燃料，可以采用风力发电与柴油机发电互补，组成风—柴互补发电系统。

风力发电场（简称风电场），是将多台大型并网式的风力发电机安装在风能资源好的场地，按照地形和主风向排成阵列，组成机群向电网供电。风力发电机就像种庄稼一样排列在地面上，故形象地称为"风力田"。风力发电场于 20 世纪 80 年代初在美国的加利福尼亚州兴起，目前世界上最大的风能发电场在美国得

克萨斯州，风能发电场覆盖面积大约 400 平方千米，拥有 627 座风力涡轮发电机，可以为 23 万户家庭供电。

世界风力发电简介

1888 年，美国人 Charles F. Brush 建造了第一台风机，是一台 12 千瓦直流风力发电机，可为 12 组电池、350 盏白炽灯、2 盏碳棒弧光灯和 3 个发动机提供电力。这是风能利用技术发展过程中的一个里程碑，标志着风能利用从机械能转化跨入电能转化应用的时代。在 1900 年以后，来自克利夫兰中央站的新电力系统被开发出来取代了这个风电机，于 1908 年，这个风电机被停止使用。

20 世纪 30 年代，丹麦、瑞典、前苏联和美国应用航空工业的旋翼技术，成功地研制了一些小型风力发电装置。这种小型风力发电机，在多风的海岛和偏僻的乡村广泛使用，它所获得的电力成本比小型内燃机的发电成本低得多。不过，当时的发电量较低，大都在 5 千瓦以下。

在化石燃料垄断的电力市场中，风力发电不可能成为主流发电技术，可有可无地缓慢发展。进入 20 世纪 70 年代，化石能源枯竭的危机成为美国经济增长和社会稳定面临的巨大挑战，开发化石能源的替代能源成为许多国家能源战略的重要内容，在这种背景之下风电受到广泛的注意和重视，作为先进的能源储备技术，在 80 年代以后，进入快速发展时期。

1978 年 1 月，美国在新墨西哥州的克莱顿镇建成的 200 千瓦

风力发电机，其叶片直径为 38 米，发电量足够 60 户居民用电。而 1978 年初夏，在丹麦日德兰半岛西海岸投入运行的风力发电装置，其发电量则达 2000 千瓦，风车高 57 米，所发电量的 75% 送入电网，其余供给附近的一所学校用。

1979 年上半年，美国在北卡罗来纳州的蓝岭山，又建成了一座世界上最大的发电用的风车。这个风车有 10 层楼高，风车钢叶片的直径 60 米；叶片安装在一个塔型建筑物上，因此风车可自由转动并从任何一个方向获得电力；风力时速在 38 千米以上时，发电能力也可达 2000 千瓦。由于这个丘陵地区的平均风力时速只有 29 千米，因此风车不能全部运动。据估计，即使全年只有 1/2 时间运转，它就能够满足北卡罗来纳州 7 个县 1%~2% 的用电需要。

目前，中、大型风力发电机组在世界上 40 多个国家陆地和近海并网运行，风电增长率比其他电源增长率高的趋势仍然继续。到 2009 年末，世界所有安装的风轮机发电量为 3400 亿千瓦时每年，占全球电力消费总量的 2%。目前，欧洲仍然是风能发电最大的市场，风电已经成为一种重要的能源。根据欧洲统计的资料，目前风力发电的发电量已经占到欧洲总发电量的 3% 以上，其中，丹麦风电发电量占该国发电量的 10%，德国和西班牙为 13% 和 12%。德国风能利用仍居全球之首，2005 年的总装机容量达到 1842.8 万千瓦，西班牙、美国等都在 1000 万千瓦左右，印度和丹麦均超过了 300 万千瓦，意大利、英国、荷兰、中国、日本和葡萄牙等的装机容量均已超过 100 万千瓦。

海上风力发电

2005 年 10 月，世界首届海上风力发电国际会议及展览在哥本哈根举行。来自部分欧洲国家的能源官员在会上提出了在欧洲发展海上风力发电的"哥本哈根战略"，认为海上风力发电是欧洲实现其到 2010 年可再生能源占全部能源比重 21% 这一目标的重要手段，这说明，海上风力发电已成为风力发电的一个重要方向。

海上风力发电机安装过程，这是风力发电机上的一片扇页。

海上风力发电的主要特点是：

（1）海上风力资源丰富，比陆地风力发电产能大。

（2）环境影响小。

（3）电力传输和接入电网的技术难度大。

（4）建设和维护的技术难度大、费用高。

海上风力发电的方式分为 2 种，即在浅海的座底式和在深海

的浮体式。目前，座底式海上风力发电已由荷兰维斯塔斯风电公司等在欧洲部分地区推向实用化，而深海浮体式海上风力发电尚无先例。

一台风力发电机已经装好了。

尽管海上风力发电前景十分好，其开发难度却远远大于陆地风力发电系统建设，直至20世纪90年代才有一些国家开始实质性尝试。目前世界上拥有海上风力发电站最多的国家是英国，已经超越了之前的榜首丹麦，英国计划在未来10年里，海上将新建5000~7000个风力涡轮机，产生250亿瓦的电量，相当于25个大型燃煤发电厂。这些新增的装机容量加上在建和规划中的80亿瓦电力，英国海上风力发电总计可达330亿瓦。

中国拥有十分丰富的近海风能资源。近海10米水深的风能资源约1亿千瓦，近海20米水深的风能资源约3亿千瓦，近海

一组海上风力发电机

30 米水深的风能资源约 4.9 亿千瓦。我国海上风能的量值是陆上风能的 3 倍，具有广阔的开发应用前景。2007 年 11 月，我国第一座海上风力发电站投产，标志着我国发展海上风电获实质性突破，该电站位于离岸 70 千米、水深约 30 米的渤海，年发电量可达 440 万千瓦时，将减少柴油消耗量 1100 吨/年，同时每年将减少二氧化碳 3500 吨，二氧化硫 11 吨。风机运行为无人值守，由中心平台遥控监测。

我国风力发电现状

我国的风力资源极为丰富，绝大多数地区的平均风速都在 3 米/秒以上，特别是东北、西北、西南高原和沿海岛屿，平均风速更大；有的地方，一年 1/3 以上的时间都是大风天。在这些地

区，发展风力发电是很有前途的。

我国新疆的达板城风力发电站

2006 年，中国风电累计装机容量已经达到 260 万千瓦，成为继欧洲、美国和印度之后发展风力发电的主要市场之一。2007 年我国风电产业规模延续暴发式增长态势，截至 2007 年底全国累计装机约 600 万千瓦。

2008 年以来，国内风电建设的热潮达到了白热化的程度。2008 年 1 月 18 日北京官厅风电场正式并网发电，平均每天可向电网输送绿色电力 30 万度，每年提供约 1 亿度的绿色电力，可以满足 10 万户家庭生活用电需求。官厅风电场位于延庆西北端官厅水库南岸，距北四环 70 公里。民间曾流传该地区"一年一场风，从春刮到冬"，是传统意义上的北京"上风口"。那里在 70 米的高度平均风速为 7.11 米/秒，平均风功率密度约为 422 瓦/平方米，年有效发电小时约为 2000 小时。而 2010 年，北京周边地区将完成 100 万千瓦的风力装机，直接供电给北京。

正在调试中的风车叶片

2008 年，中国风力发电新增装机达到 625 万千瓦，同比增长 89%，风力发电累计装机达到 1215 万千瓦，成为仅次于美国、法国、西班牙的风力发电装机超千万千瓦的风力发电大国。

知识链接

辉腾锡勒风电场

亚洲最大的风力发电场辉腾锡勒地处内蒙古高原，海拔高，又是一个风口，风力资源非常丰富，这里 10 米高度年平均风速 7.2 米/秒，40 米高度年平均风速为 8.8 米/秒，风能功率密度 662 瓦/平方米，年平均空气密度为 1.07 千克/立方米，10 米高度和 40 米高度 5~25 米/秒的有效风时数为 6255~7293 小时。具有稳定性强、持续性好、风能品质高等特点，是建设风电场最理

想的场所。

我国内蒙古的风力发电厂

自 1996 年开始建风电场以来，目前已装机 94 台，装机容量已达 1.4 亿万千瓦时，近期计划装机容量 166.5 兆瓦，将成为亚洲最大的风力发电场，同时也成为灰腾锡勒旅游区一道亮丽的风景线。风电厂不仅能缓解京、津等地用电不足的局面，而且形成最具观赏性的风电景观，虽为盛夏，风机仍高速运转，倘若秋冬，草原强劲之风力可想而之。风力发电场为草原新景，它使众多的游客驻足相观、留连忘返。

第三节 海洋能发电

潮汐能发电

潮汐是一种世界性的海平面周期性变化的现象，由于受月亮和太阳这两个万有引力源的作用，海平面每昼夜有 2 次涨落。

潮汐能是指因月球引力的变化引起潮汐现象，潮汐导致海水平面周期性地升降，因海水涨落及潮水流动所产生的能量为潮汐能。潮汐能是以势能形态出现的海洋能，是指海水潮涨和潮落形成的水的势能与动能。

在涨潮的过程中，汹涌而来的海水具有很大的动能，而随着海水水位的升高，就把海水的巨大动能转化为势能；在落潮的过程中，海水奔腾而去，水位逐渐降低，势能又转化为动能。潮汐能的能量与潮量和潮差成正比。世界上潮差的较大值约为 13 ~ 15m，但一般说来，平均潮差在 3 米以上就有实际应用价值。潮汐能是因地而异的，不同的地区常常有不同的潮汐系统，他们都是从深海潮波获取能量，但具有各自独特的特征。

在现实生活中，潮汐能主要的利用方式是发电。

潮汐发电与普通水利发电原理类似。在涨潮时将海水储存在水库内，以势能的形式保存；在落潮时放出海水，利用高、低潮位之间的落差，推动水轮机旋转，带动发电机发电。差别在于海

水与河水不同，蓄积的海水落差不大，但流量较大，并且呈间歇性，从而潮汐发电的水轮机结构要适合低水头、大流量的特点。潮水的流动与河水的流动不同，它是不断变换方向的。

潮汐发电有以下3种形式：

（1）单池单向发电：先在海湾筑堤设闸，涨潮时开闸引水入库，落潮时便放水驱动水轮机组发电。这种类型的电站只能在落潮时发电，一天2次，每次最多5小时。

（2）单池双向发电：为在涨潮进水和落潮出水时都能发电，尽量做到在涨潮和落潮时都能发电，人们便使用了巧妙的回路设施或设置双向水轮机组，以提高潮汐的利用率。

（3）双池双向发电：配置高低两个不同的水库来进行双向发电。

然而，前2种类型都不能在平潮（没有水位差）或停潮时水库中水放完的情况下发出电压比较平稳的电力。第三种方式不仅在涨落潮全过程中都可连续不断发电，还能使电力输出比较平稳。它特别适用于那些孤立海岛，使海岛可随时不间断地得到平稳的电力供应。它有上下2个蓄潮水库，并配有小型抽水蓄能电站，但有一定的电力损失。

那么在当今世界潮汐能的利用到了一个什么样的状况呢，到目前为止，由于常规电站廉价电费的竞争，建成投产的商业用潮汐电站不多。然而，由于潮汐能蕴藏量的巨大和潮汐发电的许多优点，人们还是非常重视对潮汐发电的研究和试验。

20世纪初，欧、美一些国家开始研究潮汐发电。第一座具有

商业实用价值的潮汐电站是 1967 年建成的法国郎斯电站。该电站位于法国圣马洛湾郎斯河口。郎斯河口最大潮差 13.4 米，平均潮差 8 米。一道 750 米长的大坝横跨郎斯河。坝上是通行车辆的公路桥，坝下设置船闸、泄水闸和发电机房。郎斯潮汐电站机房中安装有 24 台双向涡轮发电机，涨潮、落潮都能发电。总装机容量 24 兆瓦，年发电量 1.8 吉瓦，输入国家电网。

1968 年，前苏联在其北方摩尔曼斯克附近的基斯拉雅湾建成了一座 800 千瓦的试验潮汐电站。1980 年，加拿大在芬地湾兴建了一座 20 兆瓦的中间试验潮汐电站。那是为了兴建更大的实用电站做论证和准备用的。

世界上适于建设潮汐电站的 20 几处地方，都在研究、设计建设潮汐电站。其中包括：美国阿拉斯加州的库克湾、加拿大芬地湾、英国塞文河口、阿根廷圣约瑟湾、澳大利亚达尔文范迪门湾、印度坎贝河口、俄罗斯远东鄂霍茨克海品仁湾、韩国仁川湾等地。随着技术进步，潮汐发电成本的不断降低使进入 21 世纪后将不断会有大型现代潮汐电站的建成与使用。

潮汐发电的主要研究与开发国家包括法国、俄罗斯、加拿大、中国和英国等，它是海洋能中技术最成熟和利用规模最大的一种。

虽然潮汐能的利用上有一些阻碍，但是世界上许多国家还是对其进行了深入的研究，这是因为潮汐能是一种不消耗燃料、没有污染、不受洪水或枯水影响、取之不尽且用之不竭的再生能源。在各种海洋能源中，潮汐能的开发利用最为现实、简便。中

国早在 1950 年代就已开始利用潮汐能，在这一方面是世界上起步较早的国家。

从总体上看，现今潮能开发利用的技术难题已基本解决，国际上都有许多成功的实例，技术更新也很快。

潮汐发电利用的是潮差势能，世界上最高的潮差也才 10 多米，因此不可能像一般水力发电那样利用几十米、百余米的水源发电，潮汐发电的水轮机组必须适应"低水头、大流量"的特点，因此水轮做得较大。但水轮做大了，配套设施的造价也会相应增大。于是，如何解决这个问题，就成为反映其技术水平高低的一种标志。

潮汐发电虽然并不神秘，但仍须尊重客观规律，才能获得成功，取得良好效益。否则，光凭主观愿望和热情，虽然一时可以建成许多潮汐电站，但最后往往会因为实用价值不大而被放弃。

近 20 多年来，受化石燃料能源危机和环境变化压力的驱动，作为主要可再生能源之一的海洋能事业取得了很大发展，在相关高技术后援的支持下，潮汐能应用技术日趋成熟，为人类在下个世纪充分利用海洋能展示了美好的前景。我国有大陆海岸线长达 18000 多千米，有大小岛屿 6960 多个，海岛总面积 6700 平方千米，有人居住的岛屿有 430 多个，总人口 450 多万人。沿海和海岛既是外向型经济的基地，又是海洋运输和开发海洋的前哨，并且在巩固国防、维护祖国权益上占有重要地位。改革开放以来，随着沿海经济的发展，海岛开发迫在眉睫，能源短缺严重地制约着经济的发展和人民生活水平的提高。外商和华侨因海岛能源缺

世界首台潮汐能发电机

乏，不愿投资；驻岛部队用电困难，不利于国防建设；特别是西沙、南沙等远离大陆的岛屿，依靠大陆供应能源，因供应线过长，诸多不便，非常艰苦。为了保证沿海与海岛经济持久快速地发展及人民生活水平的不断提高，寻求解决能源供应紧张的途径已刻不容缓。

我国从 20 世纪 80 年代开始，在沿海各地区陆续兴建了一批中小型潮汐发电站并投入运行发电。其中最大的潮汐电站是 1980 年 5 月建成的浙江省温岭市江厦潮汐试验电站，它也是世界已建成的较大双向潮汐电站之一。总库容 490 万立方米，发电有效库容 270 万立方米。这里的最大潮差 8.39 米，平均潮差 5.08 米；

电站功率3200千瓦。据了解,江厦电站每昼夜可发电14～15小时,比单向潮汐电站增加发电量30%～40%。江厦电站每年可为温岭、黄岩电力网提供100亿瓦/小时的电能。

波浪能发电

利用海洋能源,是当今世界能源研究的方向。除了利用潮汐发电外,人们也在努力研究波浪发电。波浪发电是在海边建造中空的结构,利用波浪起伏的落差,推动结构体内的空气,形成强大的气流来推动涡轮发电。

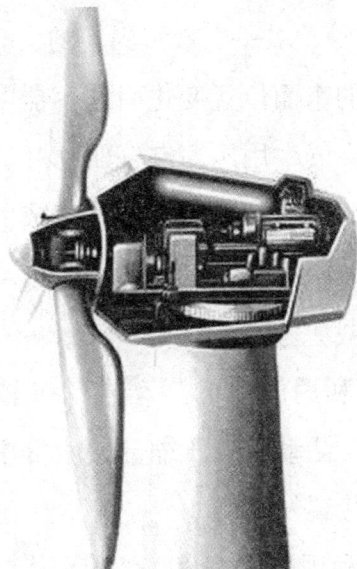

波浪能发电

波浪能是海洋能中所占比重较大的海洋能源。海水的波浪运动产生十分巨大的能量。据估算,世界海洋中的波浪能达700亿千瓦,占全部海洋能量的94%,一些专家认为,波浪发电可能比

潮汐发电更具发展潜力。

波浪发电原理主要是将波力转换为压缩空气来驱动空气透平发电机发电。当波浪上升时将空气室中的空气顶上去，被压空气穿过正压水阀室进入正压气缸并驱动发电机轴伸端上的空气透平使发电机发电，当波浪落下时，空气室内形成负压，使大气中的空气被吸入气缸并驱动发电机另一轴伸端上的空气透平使发电机发电，其旋转方向不变。

目前已经研究开发比较成熟的波浪发电装置基本上有 3 种类形。

（1）振荡水拄型。用一个容积固定的、与海水相通的容器装置，通过波浪产生的水面位置变化引起容器内的空气容积发生变化，压缩容器内的空气，用压缩空气驱动叶轮，带动发电装置发电；中科院广州能源研究所在广东汕尾建成的 100 千瓦波浪发电站（固定岸式），日本海明发电船（浮式）以及航标灯式波力装置都是属于这种类型。

（2）机械型。利用波浪的运动推动装置的活动部分——鸭体、筏体、浮子等，活动部分压缩油、水等中间介质，通过中间介质推动转换发电装置发电。

（3）水流型。利用收缩水道将波浪引入高位水库形成水位差（水头），利用水头直接驱动水轮发电机组发电。

这 3 种类型各有优缺点，但有一个共同的问题是波浪能转换成电能的中间环节多，效率低，电力输出波动性大，这也是影响波浪发电大规模开发利用的主要原因之一。把分散的、低密度

的、不稳定的波浪能吸收起来，集中、经济、高效地转化为有用的电能，装置及其构筑物能承受灾害性海洋气候的破坏，实现安全运行，是当今波浪能开发的难题和方向。

波浪发电不需耗费燃料、不会排放污水废气造成污染，但海水中的机械设备较容易被海水腐蚀，且建设成本仍高。建设波浪电厂可能会影响海洋生态、海岸景观、渔业、航运路线等各方面，因此还需要审慎评估。

目前挪威与英国皆已成功应用波浪能量来发电，两国海岸都有强劲的波浪可供利用，日本也开发出小型的浮筒发电机制，并尝试将其串联起来，安装于船型结构中以产出更大规模的电力。此外，海洋波浪除了能发电之外，也可能将相同原理应用在海水淡化上，一举两得。

建设中的世界首座波浪能电站

第四节　生物质能发电

生物质是指通过光合作用而形成的各种有机体，包括所有的动植物和微生物。而所谓生物质能，就是太阳能以化学能形式贮存在生物质中的能量形式，即以生物质为载体的能量。它直接或间接地来源于绿色植物的光合作用，可转化为常规的固态、液态和气态燃料，取之不尽、用之不竭，是一种可再生能源。生物质能的原始能量来源于太阳，所以从广义上讲，生物质能是太阳能的一种表现形式。

目前，很多国家都在积极研究和开发利用生物质能。生物质能蕴藏在植物、动物和微生物等可以生长的有机物中，通常包括木材、及森林废弃物、农业废弃物、水生植物、油料植物、城市和工业有机废弃物、动物粪便等。依据来源的不同，可以将适合于能源利用的生物质分为林业资源、农业资源、生活污水和工业有机废水、城市固体废物和畜禽粪便等五大类。

目前人类对生物质能的利用，包括直接用作燃料的有农作物的秸秆、薪柴等；间接作为燃料的有农林废弃物、动物粪便、垃圾及藻类等，它们通过微生物作用生成沼气，或采用热解法制造液体和气体燃料，也可制造生物炭。

目前，生物质能技术的研究与开发已成为世界重大热门课题之一，受到世界各国政府与科学家的关注。许多国家都制定了相

应的开发研究计划，如日本的阳光计划、印度的绿色能源工程、美国的能源农场和巴西的酒精能源计划等，其中生物质能源的开发利用占有相当的比重。在美国，生物质能发电的总装机容量已超过 10000 兆瓦，单机容量达 10～25 兆瓦；美国纽约的斯塔藤垃圾处理站投资 2000 万美元，采用湿法处理垃圾，回收沼气，用于发电，同时生产肥料。

生物质能利用的途径主要有 2 类：①通过化学法对生物质能进行转换；②用生物化学方法转化生物质能，生物质能发电和生物质液体燃料是目前最具应用前景的利用技术。

农林废弃物燃烧发电

农林废弃物燃烧发电是生物质发电的一种，垃圾发电和厌氧沼气发电也是。那么，生物质发电是什么呢？生物质发电是利用生物质所具有的生物质能进行的发电，是可再生能源发电的一种，包括农林废弃物燃烧发电、垃圾发电、沼气发电。

世界农林废弃物燃烧发电起源于 20 世纪 70 年代，当时，世界性的石油危机爆发后，丹麦开始积极开发清洁的可再生能源，大力推行秸秆等生物质发电。自 1990 年以来，生物质发电在欧美许多国家开始大发展。

中国是一个农业大国，生物质资源十分丰富，各种农作物每年产生秸秆 6 亿多吨，其中可以作为能源使用的约 4 亿吨，全国林木总生物量约 190 亿吨，可获得量为 9 亿吨，可作为能源利用的总量约为 3 亿吨。如加以有效利用，开发潜力将十分巨大。

为推动生物质发电技术的发展，2003 年以来，国家先后核准批复了河北晋州、山东单县和江苏如东 3 个秸秆发电示范项目，颁布了《可再生能源法》，并实施了生物质发电优惠上网电价等有关配套政策，从而使生物质发电，特别是秸秆发电迅速发展。

最近几年来，国家电网公司、5 大发电集团等大型国有、民营以及外资企业纷纷投资参与中国生物质发电产业的建设运营。截至 2007 年底，国家和各省发改委已核准项目 87 个，总装机规模 220 万千瓦。全国已建成投产的生物质直燃发电项目超过 15 个，在建项目 30 多个。可以看出，中国生物质发电产业的发展正在渐入佳境。

目前国家在生物质能发电的上网电价上给予了扶持，每千瓦时电价比火电高 2 角钱左右，但是，我国的扶植力度与欧美国家比还是有差距。欧洲一些国家除了电价，在税收上的扶持力度更大。欧洲一些电厂之所以经营得好，有很重要的一条，人家的原料不仅不付钱，而且由于秸秆是按照垃圾处理，还要征收垃圾处理费，因此可以良性发展。我国与国外情况不同，一方面要通过发电避免农民焚烧秸秆引起污染等社会问题，一方面又要通过发电扶助农民。基于以上 2 点，不仅秸秆收购价格不能过低，而且随着此类项目的增多，收购价格还在上升。亏损的状态迫使部分生物质能企业停产，因此国家在税收等政策上进一步加大扶持力度就显得非常重要。

此外，在生物质发电项目布局上国家也应该更科学规划，有序建设，避免一哄而上。如果布局太密集，势必会加大秸秆的收

购和运输半径，而且还会导致原料价格上升，企业的效益就会受到更大的影响。

垃圾发电

面对垃圾泛滥成灾的状况，世界各国的专家们已不仅限于控制和销毁垃圾这种被动"防守"，而是积极采取有力措施，进行科学合理地综合处理利用垃圾。我国有丰富的垃圾资源，其中存在极大的潜在效益。现在，全国城市每年因垃圾造成的损失约近300亿元（运输费、处理费等），而将其综合利用却能创造2500亿元的效益。

垃圾发电是把各种垃圾收集后，进行分类处理。其中：一是对燃烧值较高的进行高温焚烧（也彻底消灭了病源性生物和腐蚀性有机要物），在高温焚烧（产生的烟雾经过处理）中产生的热能转化为高温蒸气，推动涡轮机转动，使发电机产生电能。二是对不能燃烧的有机物进行发酵、厌氧处理，最后干燥脱硫，产生一种气体叫甲烷，也叫沼气。再经燃烧，把热能转化为蒸气，推动涡轮机转动，带动发电机产生电能。

从20世纪70年代起，一些发达国家便着手运用焚烧垃圾产生的热量进行发电。欧美一些国家建起了垃圾发电站，美国某垃圾发电站的发电能力高达100兆瓦，每天处理垃圾60万吨。现在，德国的垃圾发电厂每年要花费巨资，从国外进口垃圾。据统计，目前全球已有各种类型的垃圾处理工厂近千家，预计3年内，各种垃圾综合利用工厂将增至3000家以上。科学家测算，

生活垃圾、树皮、稻谷等都是生物质能发电的材料。

垃圾中的二次能源如有机可燃物等，所含的热值高，焚烧 2 吨垃圾产生的热量大约相当于 1 吨煤。如果我国能将垃圾充分有效地用于发电，每年将节省煤炭 5000～6000 万吨，其"资源效益"极为可观。

垃圾发电之所以发展较慢，主要是受一些技术或工艺问题的制约，比如发电时燃烧产生的剧毒废气长期得不到有效解决。日本推广一种超级垃圾发电技术，采用新型气熔炉，将炉温升到 500℃，发电效率也由过去的一般 10% 提高为 25% 左右，有毒废气排放量降为 0.5% 以内，低于国际规定标准。当然，现在垃圾发电的成本仍然比传统的火力发电高。专家认为，随着垃圾回收、处理、运输、综合利用等各环节技术不断发展，工艺日益科学先进，垃圾发电方式很有可能会成为最经济的发电技术之一。从长远效益和综合指标看，将优于传统的电力生产。我国的垃圾发电刚刚起步，但前景乐观。

目前全世界每年产生 4.9 亿吨垃圾，仅中国每年就产生近 1.5 亿吨城市垃圾。目前中国城市生活垃圾累积堆存量已达 70 亿吨。根据国家环保总局预测，2010 年我国城市垃圾年产量将为 1.52 亿吨，2015 年和 2020 年将达到 2.1 亿吨。

我国城市垃圾焚烧发电最早投入运行始于 1987 年。之后，随着一大批环保产业化和环保高技术产业化项目的相继启动，垃圾焚烧发电技术得到了得到了快速发展，实现了大型垃圾焚烧发电技术的本土化，垃圾焚烧处理能力在近 5 年间增长了 5 倍。

垃圾处理的原则是无害化、减量化、资源化。垃圾焚烧发电因大大减少填埋而能够节约大量的土地资源，同时也减少了填埋对地下水和填埋场周边环境的大气污染。

根据我国现行政策，城市生活垃圾焚烧发电技术将以机械炉排炉为主导，辅以煤—垃圾混烧流化床垃圾焚烧技术和其他技术。按照日处理 1800 吨二段往复式垃圾焚烧设备计算，年发电量可达 1.6 亿千瓦时，可节约标准煤 4.8 万吨，年减少氮氧化合物排放 480 吨、二氧化硫排放 768 吨。

据了解，我国年产城市生活垃圾约 1.5 亿吨，其中填埋占 70%，焚烧和堆肥等占 10%，剩余 20% 难以回收。其中垃圾发电率还不到 10%，相当于每年白白浪费 2800 兆瓦的电力，被丢弃的"可再生垃圾"价值高达 250 亿元。

随着垃圾回收、处理、运输、综合利用等各环节技术不断发展，垃圾发电方式很有可能成为最经济的发电技术之一，从长远效益和综合指标看，将优于传统的电力生产。目前，上海等城市

已开始建造垃圾发电厂。

厌氧沼气发电

厌氧沼气是畜牧禽养殖场、酒精厂、酒厂、糖厂、豆制品厂或污水场排出的有机废弃物及生活污水通过厌氧发酵产生，其主要成分是甲烷（CH_4），此外还有二氧化碳（占$30\% \sim 40\%$）。它无色、无嗅、无毒，密度约为空气的55%，难溶于水，易燃，1米沼气的发热量为35857千焦。

厌氧沼气不仅严重污染大气环境、造成地下水源的污染、破坏周围植被，还加剧地球温室效应，极易引起自然和爆炸事故。然而厌氧沼气又是一种具有较高热值的可燃气体，与其它燃气相比，其抗爆性能较好，是一种很好的清洁燃料，是一种绿色节能能源，具有很好的利用价值。

厌氧沼气技术是运用生物化学方法对禽畜粪便和工业有机废水等进行处理的技术。由于其成本低廉、处理效果好，在实践中得到了广泛的应用。传统上大多利用厌氧沼气进行取暖、炊事和照明，随着气体产量的不断增加，如何更高效地利用厌氧沼气，成为摆在我们面前的一项课题。厌氧沼气作为发电燃料就地发电，发电量随沼气产生量变化灵活调整，可以使沼气得到充分利用。

厌氧沼气发电技术是集环保和节能于一体的能源综合利用新技术。它是利用工业、农业或城镇生活中的大量有机废弃物（例如酒糟液、禽畜粪、城市垃圾和污水等），经厌氧发酵处理产生

的沼气，驱动沼气发电机组发电，并装有综合发电装置，以产生电能和热能，是有效利用厌氧沼气的一种重要方式。厌氧沼气发电具有创效、节能、安全和环保的都能够综合效益。

我国可用于沼气发电的资源十分丰富。首先，受饮食结构的影响，我国生猪存栏量达到数亿头，牛羊、家禽等养殖量也十分巨大，禽畜粪便总排放量巨大。

同时，工业的不断发展，工业有机废水排放量也十分惊人。如果再考虑酒糟液、城市垃圾填埋和污水处理产生的沼气等因素，我国沼气资源潜力将进一步扩大，沼气发电的前景十分开阔。

沼气发电工程本身是提供清洁能源，解决环境问题的工程，它的运行不仅解决沼气工程中的一些主要环境问题，而且由于其产生大量电能和热能，又为沼气的综合利用找到了广泛的应用前景。

它不但有助于减少温室气体的排放，通过沼气发电工程可以减少 CH_4 的排放，每减少 1 吨 CH_4 的排放，相当于减少 25 吨 $CO2$ 的排放，对缓和温室效应有利。而且有利于变废为宝，提高沼气工程的综合效益，可减少对周围环境的污染。更重要的是厌氧沼气发电为农村地区能源利用开辟新途径，创造了更多的经济和社会效益。

从这 3 种生物质发电的利用形式来看，生物质发电不但能增加我国的清洁能源比重，改善环境，而且还能为农民农业增收缩小贫富差距，对我们国家有着十分重大的意义。

第五节　氢能发电

什么是氢能

氢能是由氢作为能量载体的一种能源。它产生的原理并不复杂：氢气和氧气发生反应产生水和能量。

在自然界中，氢主要以化合物的形式存在，也就是与其它元素形成化合物，例如最常见的水就是氢的化合物，因此地球上的氢资源极其丰富，所以说，氢能的主要特点是资源丰富、热值高和无污染。

氢是元素周期表中最轻的元素，具有最高的质量比能量。氢的燃烧值远比烃类和醇类化合物高，约为汽油或天然气的 2.7 倍和煤的 3.5 倍。与化石燃料燃烧时排放大量污染物和温室气体不同，氢气燃烧的产物是水，因此它是一种理想的洁净能源。

氢作为能源利用应包括以下 3 个方面：①利用氢和氧化剂发生反应放出的热能，一般来说这是氢的直接燃烧；②利用氢和氧化剂在催化剂作用下的电化学反应直接获取电能（以燃料电池和镍氢电池为代表）；③利用氢的热核反应释放出的核能。氢弹就是利用了氢的热核反应释放出的核能，是氢能的一种特殊应用。航天领域的火箭、飞船等以液氢为燃料，是氢用作燃料能源的典型例子。

氢燃料电池

氢能发电有多种形式，目前燃料电池是氢能发电最重要的形式，具有高效率、无噪声、无污染的特点，有望成为航天、电动车辆和分散式供电的首选电源，各国正在大力研发。

1839 年，一位叫做威廉·格罗夫的英国科学家发现，如果氢和氧结合成水，氢里所积聚的能量就会以电流加上一小部分热量的形式释放出来，格罗夫的发现就是氢燃料电池最基本的工作原理。

氢燃料电池实质是一种将氢化学能直接转化为电能的装置，能量转化效率理论上可达90%，其反应的唯一副产物是水，能有效地避免环境污染，所以，氢燃料电池作为汽车动力系统是通过化学反应产生电能来推动汽车，从本质上不同于内燃机通过燃烧产生热能来推动汽车。世界上所有大汽车厂商中有超过1/2 以上已经研制成功或正在研制氢燃料电池汽车。

尽管氢能是一种清洁高效的能源，但进入实际应用还有漫长的路程。以氢燃料电池为例，受到诸多难题的困扰。

（1）氢的储存问题。由于氢常温常压下为气态，因此在车上如何携带氢也就成为一大难题。常用的办法是将氢加压变成液态，用耐高压的复合材料瓶储存。不过即使这样也还是存在每24小时2%的逃逸速度，相比而言汽油的逃逸速度每个月才1%。

（2）氢燃料电池的耐久性还不够。美国尽管从上世纪80年代就开始研究车用氢燃料电池，但即使是最新型的氢燃料电池车

加满氢一次也只能行驶 480 千米。

（3）加氢站等基础设施缺乏，一部分原因是由于高昂的代价造成的，据估算，在美国将加油站改造成可以加氢，每个加油站的改装成本就达 40 万 ~50 万美元；全美共有 20 万个加油站，要使氢燃料电池车不至于"断粮"，1/3 的加油站必须改装。

诸多原因造成氢燃料电池的制造成本居高不下。一般来说，内燃机的成本为每千瓦近 30 美元，而氢燃料电池成本高达每千瓦 4000 ~6000 美元，非常不经济。如果没有革命性的突破使价格降低，氢燃料电池很难得到广泛应用。

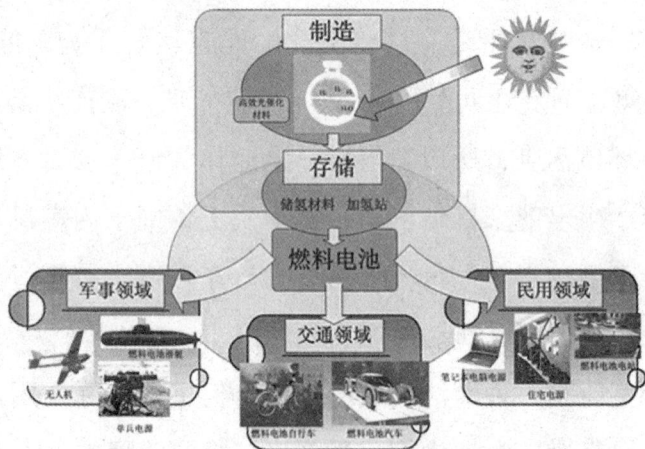

氢能应用示意图

各国在开发氢能的应用上均注重"两条腿走路"，既大力发展燃料电池汽车，也注重开发固定氢能发电装置。

新的氢能发电方式也是使用燃料电池，目前已经研制出的第三代燃料电池固体氧化物型燃料电池，其操作温度 1000℃ 左右，发电效率可超过 60%，不少国家在研究，它适于建造大型发电

站，日本已建立万千瓦级燃料电池发电站，美国有 30 多家厂商在开发燃料电池，德、英、法、荷、丹、意和奥地利等国也有 20 多家公司投入了燃料电池的研究。这种新型的发电方式已引起世界的关注。

据有关专家估计，到 2050 年全世界将有 10% 左右的电力由燃料电池生产。这种静态发电设备特别适合于医院、公寓、超级市场、校园等作为电站使用。